鈴木一策

ヨモギ文化をめぐる旅

シェイクスピアと石牟礼道子をつなぐ

藤原書店

ヨモギ文化をめぐる旅

目次

第Ⅱ部　石牟礼道子の世界

第Ⅲ部　石牟礼道子との最晩年の対話

『苦海浄土』から『春の城』へ

（聞き手）鈴木一策
（司会）編集長

第Ⅳ部 シェイクスピアの世界

編集協力＝鈴木鈴美香
本文・カバー写真＝市毛實

ヨモギ文化をめぐる旅

シェイクスピアと石牟礼道子をつなぐ

凡例

一　引用文中、原文にない語を補足する場合、〔　〕で示した。

一　引用文中の旧漢字は新漢字とした。現代では用いられることのないかなづかいは、現代かなづかいで表記した。

一　引用文中の省略は「……」で示した。また、適宜ルビや改行を加えた箇所がある。

一　注は、該当語の右に（1）、（2）、……を付し、それぞれの稿末においた。但し、第Ⅲ部は、見開き頁の左においた。

序

ヨモギ文化から近代を見直す——東西文化の古層に横たわる「ヨモギ」

暮らしの一部だったヨモギ

春先の私の日課は、山や河原の草摘みということになっている。フキの薹《とう》、野ゼリ、山ウド、ノビル、そしてもちろんヨモギは大量に摘んでくる。青々として香り豊かなヨモギを、すり鉢に放り込み、すりつぶし、絞って青汁にし、すがすがしい味わいの蓬《よもぎ》汁をいただく。二日酔いにはてきめんの効き目で、胃はすっきりとしてくる。生葉をそのまま味噌汁に入れたり、天ぷらも美味である。梅雨頃には、これも大量に干して、煎じて飲む。土用が近づくと、毎年梅干を八十キロ漬けるのだが、同じ頃に、丈が高くなったヨモギを塩梅とともに屋根に干す。屋根は、梅と蓬を盛った大ザルで敷き詰められることになる。干した蓬は、お茶にしたり、蚊遣りに使う。これが、わが家の春から夏にかけての風物詩なのだ。

つい最近、弁護士の友人から、ある自治体の総会後の懇親会に呼ばれた。会長であった友人が小型の臼と杵を持ち出し、摘みたてのヨモギを入れてすりつぶし、蓬餅を何人かの手で搗《つ》いて、四十人ほどの会員に配ったのだった。私は、とても感動し、おすそ分けにありついた。さわやかな香りだった。ヨモギは、餅や団子の中に、かろうじて生きていたのである。

しかし、ヨモギから手間ひまかけて作られるモグサとなると、モグサのお灸をする人が激減したと、言わざるをえない。私は、数十年来、晒《さら》していない粗モグサで温灸をし、そのもうもうと上がる煙が蚊遣りになっていることまで体験し、晒した伊吹モグサでお灸をしてきて、その著効を実感している。ところが、病気は医者が治すものとなってしまった世間では、お灸さえ医師と鍼灸師の専売特許となってしまった。これは、医療が、そして食や住までが、民草の暮らしから遊離し、専門家の管理下に置かれるようになった、近代化の顕著な「症状」に思えてならないのである。

石牟礼道子さんの主要作品『苦海浄土』は、水俣の毒を近代の病として、その闇を深部から抉り出した。その後発表された秀作『椿の海の記』『あやとりの記』等々、そして珠玉の短編集『食べごしらえ おままごと』に至る作品群も、近代の闇の奥の奥をまさぐり続けている。しかし、同時に、最底辺の民草の文化のしたたかさ・しなやかさ・慎ましさ・ユーモア・エロティシズムに鍬を入れ続けてもいるのである。その鍬入れに、ヨモギ文化を切り口として迫ってみようという試みは、私の生活実感と危機意識が出発点だった。

東西文化の古層に横たわる「ヨモギ」

文学史上のモナ・リザとされ、これまで数多くの解釈が生み出されてきたシェイクスピアの戯曲『ハムレット』には、非西欧的なものが多分に含まれている。五幕一場、墓場の場面で、主人公ハムレットが遺骸を大地に返し、「宇宙のみごとな循環」を体現している蛆虫のことを、なんと「運命の女神 Lady Fortune」ならぬ「蛆虫女神 Lady Worm」と呼んでいる。このキリスト教徒には絶対にありえない物言いをするハムレットが、三幕二場で「蓬《よもぎ》、蓬」と呟いたとき、私はハッとさせられた。英語のヨモギが「蛆虫《ワーム》・草《ウッド》 wormwood」であり、その裏に月の女神アルテミスが潜んでいたからだ。ヨモギはラテン語ではアルテミシアと呼ばれ、昔から魔除け虫除けの聖草であった。

石牟礼道子さんの『苦海浄土』を読んでいて、蓬に「ふつ」とルビが振られ、幾度も顔を出すことに気づいて、『ハムレット』と『苦海浄土』との底に流れている地下水脈を直感する。アイヌが、ヨモギの茎葉を束ねて身を清めることを「打つ kik」と言っていることを、知里真志保の『分類アイヌ語辞典　植物編・動物編』で知り、「フツ」と「打つ」との類縁に気づき、ますます興味を覚えた。アイヌ語では、ヨモギは「ヤヤン（普通の）ノヤ（揉み草）」であり、ラテン語でも「ブルガリス（普通の）アルテミシア」であり、英語でも「wormwood（蛆虫草）common（普通の）」だと知って、ヨモギの普遍性に驚いたものだ。

ヨモギを「もむ」と、人知を超えた「奇《くす》しき」香りが漂う。この香りに神気を感じ取ったからこそ、魔除けに用い、虫下しの「薬《くすり》」として使われてきた。ドイツ語では、ヨモギは「Beifuß足に添える」であり、足に巻いたり靴に入れると疲れないとされ、ヨモギの古名「Sonnenwend-gürtel 夏至の帯」は、腰に巻くと不妊症や婦人病が治ることから来ている。東西文化の古層には、ヨモギの神気への感応が確実にあったのだ。これに反し、ヨモギを「苦い」毒草とするキリスト教は、アルテミス信仰への憎悪の産物であり、「蛆虫草」に女神の神気を感じ取ったハムレットは、ケルトの文化やアイヌの文化に通じていたのだ。

蓬《ふつ》をお守りとした水俣の婆《ばば》さま

『苦海浄土』第二部「神々の村」には、チッソ大阪支社の株主総会に向けて水俣駅を出発する水俣病患者高野山巡礼団の中に、ヨモギを陰干しして「お守り袋」に入れた患者が登場する。普段から、ヨモギで草餅を作り、胎児性水俣病患者の子どもに絞って飲ませたり煎じて自分も飲んだり、床ずれにつけたり、モグサに手もみしている患者である。水俣病は「何の薬もきかん病」であると思っても、ヨモギに神気を感じ取り、「蓬《ふつ》は気持ちにしっくりする」としみじみ語る患者が描かれる。

水俣「市民」の差別により町中の道を通らずに、解剖され包帯巻きにされた娘の屍体を背負って線路道を伝い歩きした婆さまも、つらい稽古を経て、ご詠歌を謡いに「モグサの守り袋」を身につけて株主総会に向かう巡礼者であった。その婆さまは、チッソ大阪事務所の所長のまわりに「蝶々」が舞う幻影を見る。

ほんに、あそこが、しゅり神さんの表山よ。菜の花の蝶々の山で、狐たちの山で。裾には井川まであって、万病の神さんで、大園《うぞん》の塘《とも》の女郎衆が願かけに来よらしたげなですよ。誰も詣らんごつになって粗末にしてから、水俣病まで出て来たと、わたしは想うとります。おしゅらさまば、わたしは信仰しとる。

(『石牟礼道子全集 不知火 第二巻』六〇三―四頁)

狐さまの住む「しゅり神山」には、香りよいヨモギが青々と繁り、菜の花には蝶々が舞い遊んでいた。婆さまは、亡くなった娘の守護霊として蝶々を大阪まで連れてきたのであり、その守護霊を守る袋がヨモギの袋だった。

無力な神、「悶え神」の形象化

婆さまは、ヨモギに神気を感じる魂で、水俣病の発生を環境汚染やメチル水銀の毒を超えて、文明そのもののあり方に見抜く。チッソがダイナマイトで切り崩し鉄道にしてしまった「しゅり神山」こそ「表山」だと婆さまに言い切らせた作者は、水銀の毒に汚された苦海の奥底に、ほとんど失われてしまった「母系的水脈」を無力ながらもまさぐる「悶え神」を婆さまに形象化していると思われる。

土地言葉の「悶え神」を石牟礼さんは、「せめて、悶えてなりと加勢する無力な神」(「自我と神との間」『石牟礼道子全集 不知火 第九巻 十六夜橋』四〇四頁)と表現している。苦海の毒を浄化する魂は、ヨモギの神気に触れ、狐や女郎衆《じょろうし》の悶えに悶え返す魂であって、世界に最後の審判を下すような恐ろしい神や大地をねじ伏せる科学とは無縁の無力な「悶え神」でなければならない。水俣や天草の民草が、「踊り神さま」「怒り神さま」とともに、「悶え神」と呼んできた神の石牟礼流の鋭い解釈であろう。

第Ⅰ部

ヨモギ文化をめぐる旅

『ハムレット』から『苦海浄土』へ

はじめに

　この十年ほど、私の講義は「身悶えするハムレット」が中心テーマとなってきた。抽象的な「正義」や「愛」に安易に身を委ねることができず、「あるのか、ないのか、分からない」宙吊り状態にじっと耐えて、天と地の神気に感応しつつ「身悶えするハムレット」にわが身を重ね、学生諸君の「身悶え」を想像しながら、講義を続けてきた。物事を簡単に「分かって」しまってはいけない、しかしあきらめてもいけない。そうわが身に言い聞かせつづけた旅は、戦前の東北秋田の生活綴り方運動の歴史研究に始まり、マルクスの『資本論』の長年にわたる読解、アンリ・ワロンの人格論の探求[1]を経て、ついに『ハムレット』にたどり着いたのだった。拙著『マルクスとハムレット[2]』は、その到達点であった。

　しかしながら、現在、それは出発点にすぎないことが分かってきた。ハムレット王子の「身悶え」が、石牟礼道子のいわゆる「悶え神」（後述）に通じること、何よりも天と地の神気に「感応する」ハムレットがケルト文化に根ざし、東洋的な陽（天）・陰（地）の文化と地下水脈で繋がっていることが、私の視界に開けてきたのである。江戸初期の思想家・熊沢蕃山（一六一九—九一）における「天・地・人 一貫の実学思想[3]」を学ぶに至って、蕃山が重視したシナ周時代の『詩経』の質朴な農民を賛歌する歌謡「国風」（二千年ほど前のこの「歌謡」を孔子は絶賛したが、蕃山はこうした孔子を浮き彫りにすることによって、道徳臭の強い儒教から孔子を救い出し、徳川幕府の官学に成り上がった朱子学・儒教の常識に挑戦した）が『源氏物語』に通底しているという展望に立つことになった。本稿では、探求途上の『源氏物語』を詳論することはできないので、蕃山の実学思想に触れて暗示するほかはない。

『ハムレット』から石牟礼道子の『苦海浄土』への旅の象徴的な導きの糸は、意外に思われるかもしれないが、「ヨモギ」であった。「蓬団子」にかろうじて生かされている「ヨモギ」、「ヨモギ」からできる「百草・艾・モグサ」によるお灸の優れた効能などほとんど忘れてしまった現代では雑草でしかない「ヨモギ」が、月（陰の冥界）の女神アルテミスに因む学名「アルテミシア」を冠された「聖草」であったことに思いを馳せなければならない。そうすれば、「ヨモギ文化」が「天・地・人・一貫の」コスモロジーに根ざすものであることが明らかになるであろう。

ケルトの聖人にかけて誓うハムレット

シェイクスピアの傑作『ハムレット』に登場する「ヨモギ」は、これまで例外なく「苦ヨモギ」と翻訳されてきた。この翻訳は、ローマ帝国の国教にまで成り上がった正統派キリスト教の「ヨモギ＝毒草」観に毒されたもので、「ヨモギ」と月の女神アルテミスとの深い関連を隠蔽するものであった。この決定的な歴史的「現象」に踏み込むことによって、『ハムレット』解釈の歴史的「偏向」を浮き彫りにしたい。

デンマーク王子ハムレットは、叔父（父の弟）クローディアスに「毒殺」された正義の父王のために、叔父に復讐しなければならない存在だと解釈されてきた。復讐せよと正義の「父の亡霊」から命じられ、その重圧に悩み「生きるべきか、死ぬべきか」「このままでいいのか、いけないのか、それが問題《プロブレム》だ」と独白しながら、復讐を延期してばかりいるので、なんと「愚図の典型」にまでされてきたのがハムレットだった。しかし、この父権的「正義」を前提とし、父と息子と聖霊との三位一体の父権的宗教にもたれかかった解釈によって復讐劇の枠に回収されてきたハムレットが、この強固な枠に収まらない存在であることを鮮明に示すものがハムレットの「ヨモギ」を連呼する「傍白 aside」だったのだ。この「傍白」がケルト文化（ヨーロッパのローマ・キリスト教「文明」に覆われてしまったが）に根を張るものであることを、先ず確認しておきたい。

一幕五場、父の亡霊と「対話」してきたハムレットに、学友のホレイシオが亡霊の様子を尋ねる。これに対し、ハムレットは「正直な亡霊」だと返答しつつ、デンマークともイングランドとも関係のないアイルランドのケルト的な守護聖人「聖パトリックにかけて誓うよ」（一幕五場）と語ったのだ。これは、驚くべき物言いである。戯曲『ハムレット』は、デンマークを表向きの舞台としているが、イングランドの話題が満載された舞台は、疑いもなくイングランドであり、観客もそう受け取ったに違いない。だとすれば、ハムレット王子は、「聖ジョージにかけて誓う」べきなのだ。にもかかわらず、アイルランドの守護聖人「パトリック」を口にするハムレットは、ケルト的色彩の濃厚な存在であることを自ら示しているとしか解釈しえないのである。

「苦ヨモギ」発言は母に聞こえない「傍白」

そこで、例の「ニガヨモギ」をつぶやくハムレットの「傍白」を俎上に挙げよう。三幕二場、ハムレットは、イングランドからやってきた昔の演劇仲間の旅芸人に「十二行から十六行ぐらい新たに書いたセリフの入った（二幕二場）」劇を演じてもらい、父王を暗殺したかもしれないクローディアスや再婚したばかりの母に、さらに宮廷人に混じって「クローディアス王の腹の内を探ろう」と身構えている学友ホレイシオに、観劇してもらう。

ハムレットが旅芸人に演じてもらい、その一部を自身が演出したこの劇の冒頭は、王が死期を察し、王妃に死後再婚することを奨める舞台である。王妃は「二人の夫にまみえるはわが身に呪いを招くこと。先の夫を殺した者でもなければ誰が二度目の夫を迎えましょう」とキリスト教的父権主義に忠実な貞淑さを示す（そのセリフについて、母ガートルードは「くどすぎる」との感想を「後に」息子ハムレットに洩らし、「苦い」とは感じていないのだが）。その時、ハムレットは、再婚し二人の夫にまみえた母ガートルードに、この王妃のセリフは「苦いぞ、苦いぞ、ニガヨモギ」とあてつけを言った。これが、本場イングランドの解釈者も日本の翻訳者も例外なくしたがっている解釈なのだ。

だが、このハムレットのセリフは、**母には聞こえず**、観客にしか聞こえない「傍白 aside」だった。シェイクスピアが、ヨモギの「苦さ」を強調するキリスト教の伝統を踏襲し、「苦さ」をちらつかせていることは疑いない。しかし、劇中の王のセリフは、「太陽と月」の運行、要するに陰陽に支配された縁のおかげで結婚がなされ、死によって縁が切れることもありうることを強調していた以上、王妃の表現は太陽中心の父権的道徳臭が強すぎていることに注意しなければならない。恐らくハムレットの手の入ったセリフであろうが、劇中の王のセリフを、王妃の応答を交えつつ、是非とも参照してみたい。

陰暦の「三十年」周期とローマの「百年」周期

だが、その前に確認しておきたいことがある。五幕一場で、オフィーリアの墓穴を掘っていた墓掘り人が、先王ハムレットが隣国ノルウェーのフォーティンブラス王を決闘で殺害した日に王子ハムレットが生まれ、それは三十年前だったと王子（墓掘り人は王子だと思っていないのだが）に告げていたことだ。その三十年を暗示するかのように、劇中の王は三度も「三十」を繰り返していることに留意されたい。

劇中の王　愛がわたしたち二人の心を結びつけ、婚姻の神ヒュメナイオス〔ハイメン〕が二人の手を聖なる契りの絆で結びつけられて以来、輝ける太陽神ポイボスが乗られた車が、海洋神ネプチューンの支配する潮の海を巡り、大地の女神テラスの支配する球形の大地を巡ること、早や三十度《たび》 full thirty times、十二の三十倍〔三百六十〕の数の月が thirty dozen moons、太陽より借用した光沢を放ってこの世を照らすこと、三十の十二倍 times twelve thirties。……わたしはそなたを残してゆかざるをえない、しかもごく近々。身も心も衰え、そうならざるをえない運命。そなたはこのうるわしき世界に永らえ、敬われ、慕われ、恐らくはわたしに劣らぬ頼もしき男を夫に迎える……。

劇中の王妃　それ以上はおっしゃいますな。そのような愛はどうしたってわが胸を裏切るもの。二夫にまみえるはわが身に呪いを招くこと。初めの夫を殺さずしてどうして二番目の夫を迎えられましょうぞ。

ハムレット　（傍白）蛇草〔アルテミシア〕、蛇草〔アルテミシア〕。

劇中の王妃　再婚を促す動機という動機は、卑しい損得勘定、愛など微塵もない。二度目の夫がベッドでわたしに接吻するとき、わたしは亡き夫を二度殺すことになりまする。

劇中の王　その言葉本心からのものと信ずる。だが、決心したことをよく破るのが世の常というもの。……この世は常ならず。とすれば、わたしたち二人の愛も運命の移り変わりとともに変化したとて何の不思議もない。愛が運命をリードするか、運命が愛をリードするか、そんなことはわたしたちには分からぬ It is a question。……わたしたちの意志と運命とは、そのおもむく方角が真逆であるが故に、わたしたちの意図は覆されてしまうもの。考え自体はわたしたちのもの、しかし結果はわたしたちのものではない。今の今、二夫にまみえずと誓おうとも、夫が死ねば、その考えもまた死ぬのだ。

（三幕二場）

劇中の王のセリフは、婚姻を含む人事は、太陽（陽）と月（陰）の変化を免れることはできないことを明白に語っている。「三十年」という歳月も、ハムレット王子の年齢を暗示し、隣国ノルウェーのフォーティンブラスを一騎打ちで殺害した三十年前の甲冑姿で現れた元国王ハムレットの亡霊を目撃したと王子に報告した学友ホレイシオの証言が嘘であること（三十年前にはホレイシオは生まれてさえいなかっただろうから）を、観劇中のホレイシオに示唆するするハムレット王子の「皮肉な挿入句」、ということだけではなかった。

シェイクスピア研究者の誰一人として気づいていないが、一〇〇年を単位として「世紀」を計算するローマ・キリスト教文明（ユリウス暦という陽暦を典型とする）との決定的な相違を「三十」は仄めかしていたのである。「百年」を単位とする「世紀 century」は、百人の歩兵を一隊とするローマの軍事組織に由来し、投票の単位ともなり、十進法の起源でもあるらしいが、「三十」こそローマ文明とは異なるケルト文化を暗示していたと思われるのである。

陰暦を陽暦とともに重視したケルト文化と同じように、我が国では江戸時代までは十干・十二支の陰陽から暦は作られていた。分かりやすい例で暗示すると、還暦は六十歳であるが、前半の「三十」年は陽であり、後半の「三十」年は陰であって、六十年で一周することから来ているのである。ケルトの暦と和暦とが同じ原理に立っているかどうかはともかく、「三十年」を単位とすることは、絶対にローマのキリスト教文明とは異質なのである。

「あるのか、ないのか、分からない」ハムレットの慎ましさ

さらに、「三十」は、「世代」を示し、四代しか続いていないデンマーク帝国（クローディアスは、帝国が四代続いていると五幕二場で明言している）のうかがい知れない栄枯盛衰の運命を示唆しているのかもしれない。キリスト教の愛の誓いは、この運命をねじ伏せることができると考えるところから成立している。劇中の王の言い分は、運命を宿命と諦め忍従することではな

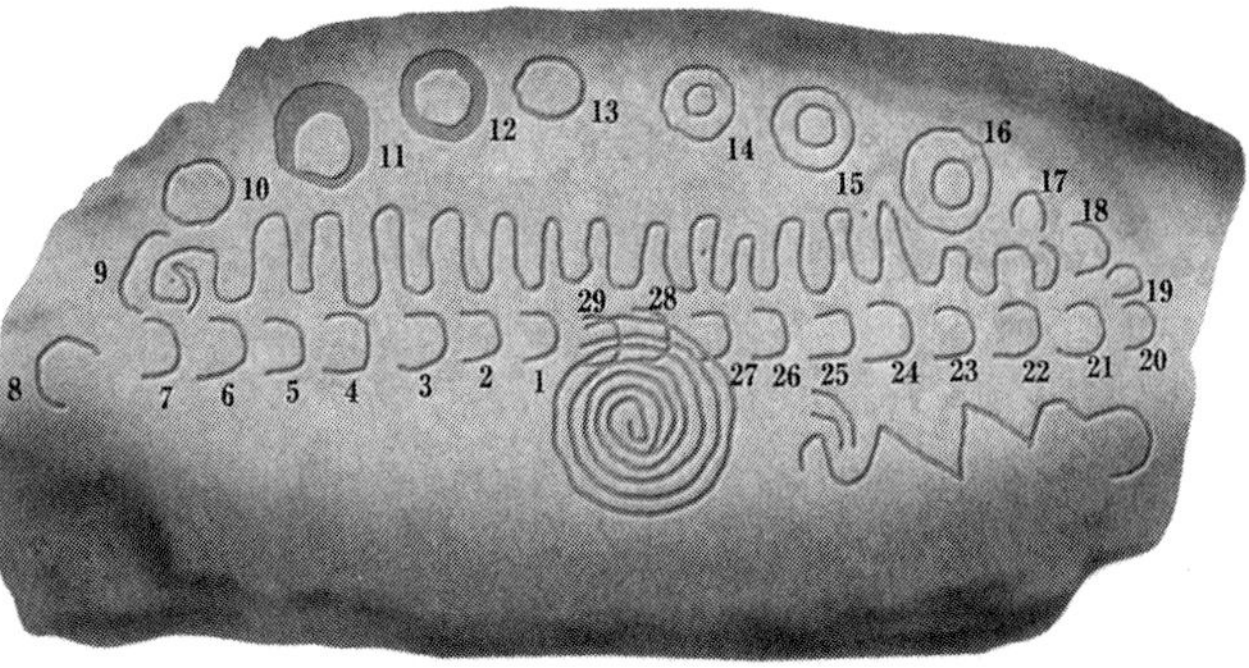

「大マウンドの縁石のSW22番という番号がふられた岩の模様には、29日間の月の満ち欠けの変化が順番に記されているのだ。三日月で始まり、15日目に満月になり、新月の前後は渦巻き模様に隠れるようにして描かれている。

月の満ち欠けは上下に波打つ模様と組み合わされているが、それらは月の満ち欠けの周期を振幅で示したもので、つまり全体が月のカレンダーのようなものだと考える人たちがいる。また、月のカレンダーの岩の他にも、縁石には日時計のような形の、やはり太陽か月の動き、あるいは変化を図示したような模様がある。

こうしたタイプの石彫はボイン渓谷を中心として、周辺の同時代のいくつかの墳墓の中に見られる。」

（山田英春『巨石――イギリス・アイルランドの古代を歩く』早川書房、2006年より）

い。決定的なことは、劇中の王妃の殊勝な物言い、父権的なキリスト教の愛を生き抜こうとする物言いには、愛が運命をリードするという奢りがあることだ。「わたしたちには分からぬ It is a question」はずなのに、分かった気になる奢りがあるということである。ここで是非想起すべきは、ハムレットのあの有名な独白「あるのか、ないのか、分からない」であろう。この独白が、劇中の王のセリフ「愛が運命をリードするか、運命が愛をリードするか、そんなこと、分からん＝疑問だ」（三幕一場）に通じていることは、疑いない。坪内逍遥と福田恆存だけが「疑問」と翻訳した question は、キリスト教を前提として「難問 problem」を掲げる「生きるべきか、死ぬべきか」「愛するべきか、死ぬべきか」といった二者択一を突き崩していた。

ハムレットの独白は、正義とは何か、愛とは何か、運命とは何か、分かった気になっている奢りを振り切ってしまうほどの身悶えから発せられたのだ。だとすれば、ハムレットは「アルテミシア」という月の女神を仄めかしつつ、母ではなく、まさに劇中の王妃の奢り＝驕りを、運命を父権に頼ってねじ伏せようと考える王妃の奢りを、ヨモギの「ほろ苦い」薬味を利かせて、からかって見せたと解すべきなのである。

英語の「ヨモギ＝蛆虫草」は「蛆虫女神」に通じている

英語の「ヨモギ worm-wood」の worm が「蛆虫」でもあり、キリスト教がサタンとした「蛇」

でもあり、古くは「竜」（トグロを巻いて水中に潜む陰性の竜が天にまで昇る陽性の昇り竜になることから、竜は極陰転じて極陽になることの象徴）でもあったことに思いをいたそう。そうすれば、ハムレットが、「苦ヨモギ」をちらつかせつつ、「蛆虫草」「蛇草」「竜の草」「アルテミス」を仄めかしていたことに、気づくのだ。

一幕二場、蛆虫草のヨモギに月の女神の「神気」を感じ取るハムレットは、夫の喪を極端に短縮し再婚した母の「冷酷さを嘆いて」独白する。しかし、この最初の独白は、夫思いの母の典型の代わりに子思いの母、それどころか大地の母ニオベを挙げてしまう奇妙なものだった。

……もろきもの、その名は女。たった一月前、〔子思いの泣き女〕ニオベのように涙に暮れて、父上の亡骸に付き添っていったあの時の靴も古びないうちに。なぜなんだ、その女が、母上までが――ああ天よ！　理性を欠いたけだものだってもっと長く喪に服すだろうに――叔父と結婚してしまった。叔父は父上の弟だが父上とは似ても似つかない。わたしが〔ローマの神〕ヘーラクレースと似ていないのと同じように父上に似ていない……。

引用したハムレットの独白で注意すべきは、父上を慕う「夫思いの女」は二幕二場でハムレットが口にするヘキュバ（トロイの老王プライアムの妻）で、「子思い」のニオベは場違いであることと、「ヘーラクレースに似ていない」息子はハムレットが、父を武力で近隣諸国をねじ伏せるヘーラクレース張りの「正義」の帝国主義者と見なしていたことである。

夫プライアム王を殺され泣いて犬になった夫思いのヘキュバ（二幕二場）のようになぜ泣かないのかと言おうとして、思わず知らず、多くの子を殺され泣いて石になり、石になっても泣いた子思いの大地の母ニオベ（バッハオーフェンの『母権制』は「母権」の象徴と見なすが、筆者は「母系」の象徴と見なす）のようになぜ泣かないのか、と独白したのだ。この父権的ヘキュバの代わりに母系的ニオベをつかまされるキドプロコ（「思わぬものを掴まされること」を意味するラテン語で、シェイクスピアが重視した演劇用語）に巻き込まれたハムレットの悶えは、「物言わぬ石」にさえ「神気」を感じ取っていたのである。

この「神気」への感応のゆえに、ハムレットは、キリスト教徒が毛嫌いする「蛆虫 worm」を「蛆虫女神 Lady Worm」（五幕一場）と呼んで、人間の死体を大地に返し、「宇宙のみごとな循環」を担う蛆虫に神気を感じていたのだ。「うじ虫夫人」（小田島訳）と翻訳している人もあるが、「運命の女神」が Lady Fortune である以上、Lady Worm は「蛆虫女神」でなければならない。

ハムレットは、人を食いものにする政治家も、夏にイングランド各地を巡幸して貴族にたかり散財させたエリザベス女王も、周辺諸国を武力で食いものにしてきた父王も、その跡をついだ叔父クローディアスも、「抜け目のない政治屋の蛆虫ども politick worms」（四幕三場）と形容する。のみならず、「乞食の腸の中をご巡幸なさる」国王が蛆虫だとも言っているから、蛆虫は「腸内共生菌」にまで拡張され、「蛆虫」の比喩の複雑さが見えてくる。

天と地の「神気」に感応するハムレット

それはともかく、蛆虫に「宇宙のみごとな循環」を感じ取り、蛆虫草に月の女神の「神気」を感じ取るハムレットが、キリスト教の「天国と地獄」ではなく「天と地」という表現を意識的に使っていることを確認しておきたい。

一幕五場、自称「父」の亡霊が息子との「対話」を「さらばだ、さらばだ adieu わしのことを忘れるでないぞ remember me」で打ち切った直後のハムレットの表現に注目しなければならない。

A　ああ、群れなす天 heaven の日月星辰よ！　ああ、地 earth よ！　他に何か？　地獄 hell も一緒にしようか？　とんでもない！……　「わしのことを忘れるでないぞ」だと。はいはい、忘れませんとも、哀れな亡霊さんよ。この身悶えする球体 this distracted globe に記憶が座を占めているかぎりは。

B　なあホレイシオ、天と地 heaven and earth にはな、われわれの〔理性の〕哲学 our philosophy には思いも寄らぬものがあるんだよ。

Aの「身悶え」が「天と地」の「神気」に感応するものだったことを確認するために、「この身悶えする球体」に注釈を加えておこう。

先ず「球体《グローブ》 globe」が四重の掛詞であることを強調したい。第一に、大宇宙の中のミクロ・コスモス（小宇宙）としてのハムレットの「身体＝体」としての「球体」。第二に、同じ大宇宙の中の「地球」としての「球体」。第三に、戯曲『ハムレット』が初演されたロンドンの劇場「グローブ座」としての「球体」。第四に、当時流行していた錬金術の金の卵を生む「マーキュリー＝ヘルメスの容器」としての「球体」だ。

「グローブ座」のロゴ、ないしはトレード・マークが、当時の観衆にお馴染みの「地球《グローブ》を軽々と担ぐヘーラクレース」だったことこそ、注目に値する。天文学に通じ嫉妬を買い罰として重い地球を担がされ、「うんうん唸って」苦しんでいた巨人アトラスに成り代わり、ヘーラクレースはエリザベス女王の命を受け、地球を「軽々と」担いで見せる。それが、俗受けを狙った劇場のロゴの表向きの意味だっただろう。ところが、「この球体＝身体」たるハムレットは、ヘーラクレースに担がれ大船に乗った気分になって当然なのに「身悶えして distract」いたのだ。

「この身悶えした球体＝身体」は、第二のローマ帝国を目指すエリザベス女王の世界制覇のヘーラクレース的野望に「惹きつけられ＝呑み込まれ attract」ながらも、その大勢に乗り切れなくて「身悶えする distract」ハムレットの独白なのだ。「身悶えする distract」は、「気を呑まれる attract」の対語であって、斎藤秀三郎の「気が気でない様子 a distracted air」（『熟語本位 英和中辞典』岩波書店、一九七六年）という例文が示唆するように、東洋哲学の「気」に近似し、「気」が「気」でなくなる「身悶え」であって、『ハムレット』劇に頻出する「狂気」（madness, confusion, wildness, ecstacy）、ことに「月」にかかわる「狂気 lunacy」と決定的に異なる「身体語」だったのだ。

さらに、四つ目の「球体＝マーキュリーの容器」について注釈しよう。錬金術では、金属の父・硫黄（東洋の「陽」に匹敵する）と金属の母・水銀（東洋の「陰」に匹敵する）とを結婚させる球形の溶解炉＝レトルトが「マーキュリーの容器」であった。ユングは、こう述べている。

> マーキュリー〔ヘルメス〕の容器は、……本質的に、レトルト、つまり溶解炉であって、……球面の宇宙に似せて、なんとしても溶解炉は球形でなければならない。錬金作業の成功には、星々の影響力を借りなければならないからである。
>
> （C・G・ユング著『心理学と錬金術 II』人文書院、一九七六年、二一〇頁）

これで、ハムレットの「身体＝球体」が、マーキュリーの「容器」でもあることが判明する。さらに、ハムレットのマーキュリー性を確認するために、父を絶賛しているとしか思えない（母に向けての）ハムレットの物言いを検討してみたい。

この絵姿を御覧なさい、母上。眉にみなぎる何という気品、太陽神ヒューペリオンの巻き毛、神々の神ジュピターの秀でた額、三軍を叱咤し指揮する軍神マルスそっくりの鋭い眼光、天に届くほどの山頂に降り立ったばかりの紋章官・マーキュリー the herald Mercury さながらの立ち姿。いずれの神も太鼓判を押して、これぞ男の鑑と世界に保証するほどのお方、これが母上あなたの夫だった人だ。（三幕四場）

この父を絶賛する物言いは、理性の光を象徴する太陽神ヒューペリオン（アポロン）に、天界を支配する木星のジュピター（ゼウス）に父をたとえるところまでは、何の問題もない。だが、同じ天界の金星たる軍神マルスとなると、武勇に優れた父にふさわしいとしても、好色で有名であり、雲行きが怪しくなる。それはともかく、これらの天界の神が、すべてローマ帝国の神であることに注意すべきである。

決定的なことは、定冠詞 the で一体化されている「紋章官《ヘラルド》」と「さすらいの神マーキュリー」とが、父をたとえるものでないことなのだ。「紋章官」とは、王の伝令役であり、味方の軍勢に王の指令を伝える使者である以上、父をこの足軽のような存在にたとえることは父を侮辱するに等しいからである。しかし、これが父ではなくハムレットの奥まった身悶えを思わず洩らしたものだとしたら、どうだろう。

「紋章官」は、父王の命令を忠実に受け取る息子ハムレットであり、「神々の使者マーキュリー」は、ユングが「水銀 mercury」に指摘した「逃亡性」を帯びた、父王から逃亡する息子ハムレットだと言うことになろう。このように、シェイクスピアは、ハムレットをそっとケルトの神マーキュリーに重ねていたのである。マーキュリーが、サンダルについた翼で「天」に飛翔し、杖に巻きついた蛇のように「地」に下る「さすらい＝巡礼の神」であることを、確認しなければならない。そうであれば、Bの父権的理性にこりかたまった「哲学」とは違ったケルト的な、あえて言えば東洋的な文化に触れているのがハムレットだということになるだろう。

アイヌに見るヨモギ文化の古層

後述するように、『苦海浄土』には、ヨモギが「ふつ」として、幾度も顔を出す。九州南部の水俣ではなぜヨモギを「ふつ」と呼ぶのか。湯浅浩史氏の『植物ごよみ』（朝日新聞社）は、アイヌ語にそのヒントがありそうだと示唆し、知里真志保《ちりましほ》の『分類アイヌ語辞典 第1巻 植物篇』(一九五三年)が参照されている。そこで、私は『知里真志保著作集』(平凡社)の別巻I『分類アイヌ語辞典 植物編・動物編』(一九七六年)に分け入り、その洞察の深さに驚嘆する。植物をこよなく愛し、アイヌ人としてアイヌ文化再興のために、各地の古老等々からの聞き取りに全力を挙げ、痛苦に満ちた人生の最晩年を捧げた作品であった。

この類稀な植物分類辞典は、従来の研究がアイヌの暮らし方と密着したものではなく、近代的な思考法が災いしていることを指摘し、「木や草は植物なのか」という根源的な問いから出発する。

茎とか葉とか茎葉とか葉柄とかの訳語は、対象を示すだけで、その対象をアイヌがどのように把握しているかという、語の意味の在り方については、なんら触れるところがない。そのような訳語は、木や草を植物として考えるところから生れて来るのである。ところが、アイヌに於ては、木や草は植物ではない。少くとも、われわれの用語の意味に於ける植物ではないのである。アイヌの考え方に従えば、獣や鳥や魚や虫が神であるように、木や草もまた神なのである。彼等は神の国では人間と全く同じで、人間の姿をして人間と同様の生活を営んでいる。

家族もあり、部落もある。アイヌの植物名に、「アハチャ」（<aha-acha ヤブマメ・伯父）とか、「コㇺニフチ」（komni-huchi カシワ・婆）とか、家族関係を表わす語の附いている例を見いだすのは、彼等にも家族があるというアイヌの考え方を示すものである。また「カシワ婆」というのは、年老いたカシワの大木を云うのであるが、そういう大木の特別に大きいものを「シ・コタン・コン・ニ」（si-kotan-kon-ni 大きな・部落を・領する・木）と云う。つまり酋長みたいに考えているのである。

彼等は人間と同様の身体をもつ。……根を「足」（kema, chinkew）と呼び、枝を「手」（tek, mon）と呼び、……彼等は人間同様に髭を生やしたり、なめし皮の衣を着たり、弁当を持ったりする。……サルオガセを「木の髭」と呼び、カブトゴケを「木の革衣」と呼び、ヤドリギを「木の弁当」と呼ぶ……人間的な行動もする。……立木を「アㇱニ」（as-ni 立っている木）、青草を「アワキナ」（awa-kina 坐っている草）、まがり木を「ホックニ」（hotku-ni 腰をかがめている木）、倒木を「サマゥニ」（samaw-ni 寝そべっている木）と云うのである。アイヌの植物名に、「放屁する木」（キタコブシ）だとか、「放尿する草」（ツリフネソォ）とか、「お尻に糞をつけている木」（エゾニワトコ）だとか、生理的な行為にもとづく名称の見いだされるのも、植物に対するアイヌのアニミスティックな考え方の現われなのである。……アイヌの考え方を無視し、木や草を単なる植物として取扱ったところに、従来の

文献に於ける最大の欠陥が見られるのである。(4)

アイヌのモノの考え方を「アニミズム」の水準で表現することは、ユーカラ研究の第一人者、金田一京助を中心とする当時の学界を考慮しての苦渋の選択ではなかったか。キリスト教文化圏で、水準の低い「野蛮な」原始的宗教に位置づけられたアニミズムという括りには、近代化がほぼ完璧に近いくらい忘却のかなたに押しやった、生類の神的なものへの鋭敏でしなやかな感応への敬意がまるで見られないからである。ところで、知里氏は、アイヌを通じて、ヨモギの神気をどう感じ取り、どう表現していたのだろうか。エゾヨモギの学名は、月の女神アルテミスに因むArtemisia vulgaris「普通の・よくあるアルテミシア」として表記され、アイヌ語の「ヤやン・ノヤ」(yayan〔普通の〕noya〔もみ草〕)に該当するようである。なお、片カナ表記中に混入している平ガナは、アクセントの頂点を示す。

ヨモギの茎葉の青いのは蚊やりに焚《た》いたし、枯れたのは焚きつけにもした。これを焚きつけにすれば、火の神がよろこぶ、という信仰があった(幌別)。

この点に関して、アイヌ神話の中でヨモギがアカダモの木と共に火の創造に関連して述べられているのは、著しく私どもの注意を引く。……

「コタンカㇽカムイ」〔コタン（部落を）・カㇽ（造った）・カムイ（神）〕、別名「あイヌラックル＝人間・くさい・神」でシャーマン〕が人間の国土を創造した際、草木の中で最初に生じたのは、国土の西方に於てはドロノキとワラビであり、東方ではハルニレとヨモギであった。「コタンカㇽカムイ」は人間に火を授けようとして、先ずドロノキで火きり棒と火きり台とを作り、もみにもんだが火は出なかった。そこで次にハルニレで試みたら、初めて火が生じた（沙流《さる》〔日高国沙流郡〕）。

この神話によって、私どもは、第一に、ドロノキがなぜ「やイニ」yay-ni〝ただの・木〟とよばれるか、第二に、ハルニレがなぜ「チキサニ」chi-kisa-ni〝我らが・もむ・木〟とよばれるか、の理由を知ることができるばかりでなく、第三に、ヨモギもまた、もんでほくち〔火口〕などに用いられたらしいこと、およびヨモギを意味するnoya〔ノヤ〕と云う名称が、「もむ」という原義に於て、ハルニレのchi-kisa-ni〔〝我らが・もむ・木〟〕と連想されているらしいこと、等を知り得るのである。

ヨモギの葉をもむと、一種特有の臭気を発する。この臭気の故に、アイヌはヨモギに除魔力を認め、広く呪術や治療に用いる。これがヨモギに「カむイノヤ」kamuy-noya〝神なる・ヨモギ〟或いは「ヌぷンノヤ」nupun-noya〝霊力ある・ヨモギ〟の名の生じている所以《ゆえん》である。(5)

この貴重な記録から、ヨモギがその「特有な臭気」から神気を帯びた聖なる神草であると捉えられ、「燃えやすい草」「揉み草」という暮らしに根づいた名づけ方をされていたことが、よく分かる。ノヤの語源が「ノやノヤ noya-noya ＝こすりにこする、揉みに揉む」だろうとの推理からは、現代日本語の「モグサ＝百草＝艾」は元来「揉み草」ではなかったかとか、「ヨモギ＝蓬＝蒿」が「良く燃える草」ではなかったかと連想させられてしまう。

アイヌ語の「打つ kik」は「ふつ」に通じる

私の主要な関心は、なぜ九州ではヨモギを「フツ」と呼び、沖縄では「フーチバ」と呼ぶか、なぜ竹富島では「プツ」と呼ぶかであった。フツもフーチもプツも同根だという説があるそうだが、アイヌでは「打つ kik」とヨモギは結びついていたのである。

ヨモギの茎葉を束ねて、悪夢を見た時などそれで身体を祓い浄めるための「タクサ」takusa〝手草〟にする。そういう手草で体を祓い浄めることを ka（-si,-si-ke）-kik と云う。［ka（上），kasi（その上），kasike（その上の所），kik（打つ）］。例えば自分で自分の体を祓い浄めることを yay-ka-kik（自分・の上を・打つ）と云い、誰かの体を祓い浄めることを kasi-kik（彼の上を・打つ）kasike-kik（彼の上の所を・打つ）などというのである。epiru〔それ＝手草で・拭《ぬぐ》う〕ともいう。……マラリヤのあった時も、近所の者が集って来て、この手草で病人の背中を叩き、病魔を追い出そうと努力する（幌別、沙流、屈斜路）。……

重病人のある時、ヨモギで人形の形を作って着物を着せ、病人の病気を全部それに移したことにして戸外に捨てる所もある（D屈斜路）。

疱瘡その他の伝染病が村へ入らない様に、村境や川口に、ヨモギで草人形を作って立てることもある。……

この信仰が説話の中にも反映して、勇者が悪神を退治するのにわざわざヨモギの矢を以てする話が多い。……

この様に、この植物は、アイヌの信仰上特別の意義を有し、アイヌはそれに特別の霊能（除魔力）を認めているので、それを食用にするのは、単に口腹の欲を満足させるだけのものではなく、それを体内に摂取することによって病魔を遠ざけ、身心を健康に幸福に保ち得るという信仰に基づくものであることがわかる。だからヨモギの若葉を摘みに春の野に出ることはアイヌ婦人の重要な年中行事の一つになっている。各地にヨモギに関する地名があり、例えば、……

「ノやウシ」noya-us-i〔ヨモギ・群生している・所〕——十勝国中川郡……

「ノやサルシ」noya-sar-us-i［ヨモギ・原・ある・所］――石狩国夕張郡……

などが見出されるのも、一つにはそういう理由によるのである。(6)

ヨモギの霊能・除魔力、私のいわゆる神気への感応、それが生活の深部にまでヨモギが浸透している根であったのだ。この根源から、ヨモギの様々な活用法を見直す必要を痛感する。さらに、ヨモギの茎葉を束ねた「手草」で「打つ」「叩く」「拭う」祓い浄めの「打つ」がどうも九州の「フツ」や沖縄の「フーチ」と関連しているらしいことが肝要に思われる。確信まではできないが、「打ち払う」「打ち水」などの表現と「フツ」「フーチー」は何らかの縁があるのではなかろうか。いずれにしろ、アイヌ語の「キク＝打つ」の呪術性・身体性は、「フツ」にも「フーチ」にも脈打っているように思われるのだ。

こうしたことを根本に据えて、アイヌのヨモギの活用法を見ると、石牟礼さんが『苦海浄土』や『食べごしらえ　おままごと』で活写したヨモギのあしらい（後述）と酷似していることに驚かされる。

葉をゆがいて乾しておき、粟などに搗きまぜて、「ノやシト」noya-sito〝ヨモギ・だんご〟を作った。また取りたての若葉を刻んでおき、粥が煮えたらその上にふりかけて暫くしてから鍋をあげると、粥にヨモギの香が移って、たいへん香ばしい粥ができあがる。それを「ノやサヨ」noya-sayo〝ヨモギ・かゆ〟といい、嗜好の上からばかりでなく、それを食べると蛔蟲が湧かぬと云って、ヨモギの萌え出る頃になると、どこの家でも必ず作って食べたものである。

葉はまた煎じて咳どめ・蟲くだし等にも飲用した。青葉をもんで怪我した際の傷口に当てて出血を止め、虫歯の痛む際はそれを塩もみして絞り汁を痛む穴にたらしこんだ。わきがの臭みをとるのにもこの葉をもんで拭い、あぶら手を清めるのにもこの葉を両手でもんでそれから洗い落した。枯葉をもんでもぐさにもした(7)。

以上で、かつての「日本人」のヨモギの活用法が網羅されていることが分かる。そこで、「ヨモギ＝ふつ」が頻繁に登場する石牟礼文学に向かおう。

石牟礼文学と蓬《ふつ》文化

石牟礼さんは、天草のお婆ちゃんが、「蓬《ふつ》だんごが出来たばえ、味見してみろな」と言って、仏さまにお供えするような手つきで皿をさしだしたのを見て、こう表現している。

蓬《ふつ》だんごの蓬は、狐たちの住ま居にするような草むらに生えているのが香りがよいと姉婆さまがいう。／水俣・梅戸の登り口には町と海を見下ろす墓地がある。墓地の続きは丘陵めいた山になっていた。しゅり神山《がみやま》といわれて、もとは狐たちの山であった[8]。

この、さりげない表現にも、ヨモギの神気が漂っていることは、疑いない。また、即興詩人の母上のヨモギの「草餅」は半端ではなかった。

母は三月節句の草餅づくりに、たいそう張り切った。幾日も前から蓬《ふつ》を茹であげて、庇の上や、庭のから藷ガマのとんがりのぐるりに、大きく丸めて干し並べる。四十も、五十も、である。そんなにたくさん、と、まわりから言われぬうちにこう言った。／「五月の節句もすぐ来るし、田植えもじゃろう。梅雨あけの半夏《はんげ》の団子にも要るし、七夕もなあ。そしてすぐ盆じゃろう、十五夜さんじゃろう。正月にはまだ足らん」／餅も団子も二斗ぐらい作らんば、人にさし上げようもなか、と言う。餅搗きも団子の時期も、準備が大ごとだった。いやいや、田を植え、草を取り、麦の種をまいて刈り入れるとき、小豆や夏豆を植えて穫《と》り入れるとき、すべてすべて、餅や団子を作るたのしみのため、汗を流していたといってよい。／たとえば小さなわたしが畑についてゆき、麦踏みをしたがると、もうすぐ唄語りするように、囃しかけるのである。／ほら、この小麦女《じょ》は、／団子になってもらうとぞ、／やれ踏めやれ踏め、／団子になってもらうとぞ。／幼いわたしはそっくり口真似して、二人は畑で踊っていたといってよい。……小麦も鼠も人間も、団子もあんこも同格になって、母のささやき語に出てくるのだった。狂女の母親を抱えながら、天性うららかなところがあったが、晩年は唄わなかった。その胸の内をおしはかりながら、教えてくれたとおりに蓬餅をつくる。本など一冊も読めなかったその言葉を、たぐり寄せながら。(9)

石牟礼文学の根は、こうした母の営みにもあったのだ。それはともかく、今一度、湯浅氏の『植物ごよみ』を参照し、東洋のヨモギの文化に触れておきたい。沖縄の市場では、「フーチバ」が野菜として売られ、郷土料理の「フーチバジューシー」はヨモギ葉の雑炊《ジューシー》である。中国では、五月五日に、ヨモギの草を束ねた「艾人《がいじん》」を門戸の「上に」かけ、毒気を払う風習が、六世紀の『荊楚《けいそ》歳時記』に記録されている。さらに、ヨモギでトラを作ったり、小さいトラにヨモギの葉をはりつけた。これは「艾虎《がいこ》」と呼ばれ、日本にも伝わった。端午の節句のトラの飾りは「艾虎」の影響とみられるという。五月五日の早朝、ニワトリが鳴く前に、キク科のヨモギとサトイモ科のショウブを採り、門に飾ったり、煎じて飲む風習は、現在も中国の一部に残存しているという。日本の平安時代には、ヨモギやショウブを薬玉《くすだま》にして長寿を祈ったという。(10)

こうして、湯浅氏は、ヨモギやショウブの独特な強い香りがこれらの風習を引き起こしたと結論している。しかし、春先の青々としたヨモギを摘んで、すり鉢に入れスリコギですって青汁を飲んだ私の体験から、そのすがすがしい味わいも絡んでいると思われる。二日酔いを癒す清冽さに、私の身体は清められたことは間違いない。近代は、薬というとその即効性にばかり注目しがちであるが、ヨモギの清冽さは、まさに人間には測りがたい、人間離れした、神妙な「奇《くす》しき」もので、薬＝くすりとは、「奇しきもの」であったのであろう。

熊沢蕃山の万物一体論

江戸初期の思想家・熊沢蕃山《ばんざん》（一六一九―九一）は、「神気」について、こう語っている。

日本上代の人、道徳の学は知らざれども、今の知りたらん人の及ばざる所あり。世中ゆるやかにして神気あつき故なり。今の道学ある人、道理を知ることは古人よりも詳しと言えども、世中のせわしきに習いて神気うすし。(11)

蕃山にとって、奢《おご》りとは、神気を感受しなくなったことを意味した。

山川は国の本なり。[12]
国の本は民なり。民の本は食なり。民・食の事詳しく知らでは、国・郡を治むる事あたわず。[13]

「山川は天下（国とは言わず天下と言っている場合もあって、私は天下のほうが適切だと考える）の本」「食は天下の本」「天下の本は民」という蕃山の思想は、単なる環境保全や「仁政」の心構えなどの枠を突破した「万物一体」論に基づいていたことに注意しなければならない。天理によって人欲をねじ伏せようとする儒学の傾向に違和感を覚え、朱子学の理気説にも、陽明学の「良知」説にも学びつつも馴染まなかった蕃山。そういう蕃山であればこそ、欲望を天の道理を曇らせる悪しき「人欲」と一括せずに、むしろ「奢る欲」と「神気を感ずる欲（万物一体に通じる）」との微妙な違いを嗅ぎ分けたのである。

だから、現世を越えでる仏や神を楯にとって「人欲」を克服せよと説教を垂れる既成の奢れる宗教、儒教をはじめ、国家神道に通じるような日本の神道にも、仏教にも、キリスト教にも、その「超越的な構え」に警戒を怠らなかった。民衆の人情の機微に触れようとする蕃山の極めて土俗的な「万物一体」論は、江戸時代では珍しく（江戸の思想家を代表する荻生徂徠にも、本居宣長にも見られない）、アイヌの文化にまで通じる射程を持っていたと思われる。

例えば、節分に大豆を炒って室内に撒き、鰯の頭を焼いて戸口に刺す民衆の習俗について、陰気が内にあった秋冬から陽気が内に入ってくる立春には、余寒が依然として強いので、大豆を炒って「陽気を助け」、陽気を帯びた大豆を室内の隅々に撒いて陰陽の変化を確かなものにするのだとの卓見を述べた後に、鰯を天・地・人を一貫する神気を帯びたものとして、こう述べた。「オニは外、福は内」という民衆の理解を、陰陽五行論でそっと「訂正」していることに留意されたい。引用文は、私の現代語訳である。

鬼〔オニではなくキと読み、キは帰に通じ陰の気〕は陰の気で、今夜からは外に出るのです。神〔カミではなくシンと読み、伸に通じ陽の気〕は陽の気で、神は福〔幸い〕をもたらすもので、今夜からは内に入って万物を生ずる働きをなすのです。鰯は大衆を養う物なので、仁魚なのです。焼かれた鰯の頭から発する香りを邪気が恐れるので、その香りによって邪気を祓おうとするものなのです。(14)

鰯を「仁魚」と呼ぶことは、ヨモギを「神草」としてきたアイヌに通じ、蛆虫を「女神」と呼ぶハムレットに通じているのだ。鰯の頭を焼き、その香りによって邪気を祓うとなれば、アイヌ文化ときわめて親密だと言わざるをえない。病気を治してやろう、害虫を退治してやろうる。

という奢《おご》る近代こそ、仁魚の神気、ヨモギの「奇しき」神気、人体の神気を、恐ろしいほどに圧殺してきたのだが、石牟礼文学は、単なる公害問題の域を突破して、神気の深淵に触れていたのだ。蕃山によってこそ、石牟礼文学はより深く理解できるようになると、私は確信している。

化学薬品で一網打尽にできるような害虫であるが、手に負えない恐ろしい伝染病を撒き散らす肉眼では見えないバクテリアやウイルスという「害虫」にも通じるものとして、蚊を取り上げよう。石牟礼さんの珠玉のエッセイ集『食べごしらえ　おままごと』にも、父上がヨモギの生葉を燃やして小屋に差し入れ、牛のために「蚊遣り」として使う場面が出てくる。(15) 蚊にあっちへ行ってもらう慎ましい仕草が「蚊遣り」であろう。「除虫」菊や、「蚊取り」線香や、「蚊いぶし」などの奢りとは違った何かが、「蚊遣り」にはそっと示されている。

私は、鍼灸の稽古をしていて、驚くべき体験をしたことがある。蚊に刺され思わず叩きつぶしたところ、黒ずんだ悪血＝瘀血《おけつ》が手につき、痒さのあまり刺された部位を掻きまくった。これは何の変哲もない出来事と思われるかもしれないが、実はそうではなかったのだ。というのも、蚊に刺された部位が、鍼灸の「経絡」に沿ったツボだったからなのだ。蚊に刺されやすい人とそうでない人があることから分かるように、鬱血《うっけつ》の多少が決定的要因だった。鬱血した部位は刺しやすく、蚊は鬱血した部位を命がけで狙う。その結果、蚊は図らずも、人体の鬱血を瀉血《しゃけつ》し、気血のめぐりをよくしていたのである。さらに、その部位を掻くことは、マッサージならぬ「手当て」になっているのだった。

この出来事を経て、私は、想像のかぎりを尽くして、こう考えるに至った。いわゆる東洋医学の「経絡」の発見に、蚊も一役買っていたのではないか。そして、わが身を焼くお灸と蚊に刺されることとには密接な関係があるのではないか。さらには、蚊に刺されることも蛭《ひる》を使った瀉血も同じ類のものではないか、と。赤子の足の三里に蚊がとまっているのを見たとき、私の直感は正しいと思った。なぜお灸が効くのか。『広辞苑』には足の三里という胃系のツボは「万病にきくという」とあり、芭蕉は『奥の細道』で足の疲れを三里に灸を据えて癒したと言っている。お灸のメカニズムの科学的分析もいいだろうが、その前に、蚊が「神虫」のような神気を発していることに触れなければならないのではなかろうか。

ヨモギ=アルテミスとするヨーロッパ文化の古層

アルテミスは、言うまでもなく、太陽神アポロンの妹で、陽と対の陰の世界、月の世界の女神である。『ギリシア本草』に依拠して、大塚恭男氏は、「女神がこの植物を婦人病に賞用したことからその名を得たというものである(16)」と語っている。しかし、この婦人病だけを問題にした説明は腑に落ちない。理性の光を象徴する父権的な太陽神アポロンに対する、母性的な感応をこそ月の女神アルテミスは象徴しているのではなかろうか。アルテミスを冷酷な女神とするのは後世の歪曲であろう。

先に、アイヌがヨモギのことを「ヤヤン（よくある）ノヤ（揉み草）」と呼んでいたことに注意しよう。ラテン語の**Artemisia vulgaris**は、「よくあるアルテミシア」を意味し、英語では**wormwood common**「普通の・よくある蛆虫草・蛇草」である。この「普通の・よくある」が、なんと、アイヌ語とラテン語と英語に共通であるのだ。ハムレット王子がヨモギを「蛆虫草・蛇草」と呼んだことについては、既に触れた。ドイツ語ではどうか、ここではそれだけを問題にしよう。

ドイツ語のヨモギは「**Beifuß**足《フス》に添える《バイ》」である。大塚氏は、ヨモギを「足に巻いたり、靴の中に入れたりしておくと、疲れをおぼえないところからきたという。[17]」と述べ、ヨモギの古名**Sonnenwendgürtel**については、「夏至の帯《ゾンネンベントギュルテル》」という意味で、「夏至の日に摘んだヨモギで腰を巻いておくと、不妊症や婦人病が治るという伝承に基づく。ドイツのある地方では、最近でも夏至の日にヨモギで環を編んで牛舎に掛け、……牧場にでかける時にその環を牛にかけてやる習慣があるという。家畜を悪疫から守るためであろう。[18]」と述べている。要するに、ヨーロッパでも、ヨモギはその香り故の「清め」の聖なる草であったのだ。

ヨモギを毒草に歪曲した『ヨハネ黙示録』

こうした古代的な知恵の伝統に触れ、その知恵の深さを知れば知るほど、キリスト教の「ニガヨモギ」という捕らえ方の異様さが、くっきりと浮かび上がってくる。旧約聖書『箴言《しんげん》』の「娼婦の唇は……苦《にが》ヨモギのように苦く、両刃の剣のように鋭い」（五章四節）よりもどぎつい用例が、新約聖書を締めくくる『ヨハネ黙示録』に見られる。

第三の天使がラッパを吹くと、松明のように燃え盛るニガヨモギという名の大きな星が川に落ち、川の水が「ニガヨモギのように苦くなって、多くの人が死んだ」（八章十一節）というのだから。

ギリシア語原文の対訳者・岩隈直氏は、ヨモギの苦さを致死性の毒とするヨハネ（パトモス島に流されローマ帝国への復讐心に毒されたヨハネで、洗礼者ヨハネではない）の強引な歪曲に動揺し、「にがよもぎは有毒性のものではないが、エレミア書の九章十五節、二十三章十五節では有毒のものとされている。だからこれは有毒と一般に信じられていたのであろうという[19]」とお茶を濁している。岩隈氏は、このようにヨモギに毒性があるかどうか動揺しながらも、あくまでヨモギを「苦い」ものとするキリスト教の伝統に従っているのだ。ヨモギの香りを生かしたアブサンという強い酒の名の元にあるラテン語のアブシンチウム（ギリシア語のアフィントスに通じる）は「甘味がまったくない」という意味であって、これも毒とは関係がなかったのだ。

聖なるヨモギの香りを無視し、さわやかな味わいを「苦さ」に封じ込め、その苦味を致死性の毒にまで歪曲するユダヤ・キリスト教は、アルテミス信仰の聖地を折伏しようとしたパウロの「普遍的《カトリック》な」精神に裏打ちされている。「ヨモギ＝蛆虫草＝蛇草」に月の女神アルテミスの神気を感受し、ヨモギを通じて宇宙と一体化してきた古代の人々を偶像崇拝者としてねじ伏せようとする文化こそ、父権的な太陽神アポロの理性の高みを夢想し、母なる大地から離陸し、異教徒を殺害する毒草にまでヨモギを歪曲するに至ったのだ。坊主（アルテミス）憎けりゃ、袈裟（ヨモギ）まで憎い、といったところだったのだ。

ジュリエットの乳母が乳離れのために「蛆虫草・蛇草 wormwood」を乳首に塗った（『ロミオとジュリエット』一幕三場）ように、赤子にさえ触れさせる聖なる草アルテミシアの「ほろ苦さ」も、キリスト教の復讐心の毒によって、毒草の「苦さ」に捻じ曲げられたのだった。聖書のニガヨモギに由来する地名チェルノブイリが、放射能の毒を象徴するに至ったことは、なんという皮肉であろう。

蓬《ふつ》の神気とエレベーターの毒気

『苦海浄土』第二部「神々の村」の末尾に、ヨモギについての印象的な物言いが配されている。

一九七〇（昭和四十五）年一月、水俣病患者高野山巡礼団が、チッソ大阪支社の株主総会に向けて水俣駅を出発する。石牟礼さんは、その直前、水俣病一号患者とされた溝口トヨ子[20]の母の家を訪ねる。

以下、実名で挙げられる登場人物は、作者の創作と見なすことにする。娘を亡くし、巡礼の旅の準備をしていた母は、「あの世とこの世ばつなぐ」線路道を、娘を背負って歩いた思い出を語る。水俣病の患者は町の道を通ることができないから、線路道を通るのだが、背中の娘はこの世の名残に、「ががしゃん、しゃくら、しゃくらの、あっこに、花の《あな》」と桜の花を指差す。文明の大都会大阪までの近代的な汽車の旅に先立って、解剖され包帯巻きにされた娘和子の屍体を背負って深夜の線路を歩いて帰宅した江郷下マスのことを思いつつ、あの世への道として、娘と花を見に出かけた線路道の道行きが語られるのだ。

線路のぐるりには蓬《ふつ》のなあ、ずうっと生えとります。かがみまして、汽車ば待つ気いじゃったろか、ふらふらかがんで、トヨ子、どこにゆこか。花の向うにゆこかいねえちゅうて、かがみますとふらふらするもんで、蓬《ふつ》ば摑《つか》みます。ここらの女ごはみんな蓬《ふつ》が好きで、団子にも餅にも蓬《ふつ》くろぐろ入れて、トヨ子がひなの祭りにも蓬餅《ふつもち》ば菱《ひし》に切って供えました。まだ指も目立つほど曲がってはおりませんで、蓬餅よろこびましたが、あれが食いおさめで、あとの節句は祭どころじゃありませんでした。それで汽車待つ間にも手は蓬《ふつ》摘んで。

薬ですので、絞って飲ませたり煎じて自分も飲んだり、床ずれにつけたり、艾《もぐさ》に摘んだりしますもので。線路にそってずうっと蓬《ふつ》のありまして、この道ゆけば、よかところにゆくような気のしておりましたが、トヨ子があっち、あっちといいますもんで、ひょいと立って、家に向かいましたら、ごーっと汽笛の鳴って通りました。桜の道のひらいて蓬《ふつ》の匂いのしよりました。

家の横が線路でございますけん、桜の道も蓬《ふつ》の道も、たどってゆけば、よかところにゆくとですよ。わたしより先に逝きました。何の薬も利かん病でございますが、蓬《ふつ》は気持にしっくりしますもんで、株主巡礼にも蔭干《かげぼし》してお守り袋にしたり、艾《もぐさ》にしたりして身につけて行きます。[21]

世間ではよく花道と言い、桜は我が国を象徴するものとまで珍重されてきた。だが、ヨモギに対しては、まったく違っている。野草をハーブなどと言い出してから、民草の暮らしと切っても切れないヨモギの扱いのぞんざいさにあきれてしまう。近代の小説で、ここまでヨモギを描いたものは、あっただろうか。あの独特の「蓬《ふつ》の匂い」を「気持ちにしっくりする」ものとして、「よかところ」への道芝の聖なる野草として、お守り袋に入れて旅をする伝統がつい最近まで残存していたことを、石牟礼さんは描ききったのだ。

溝口さんが、アイヌと同じようなヨモギの効用の全体をさりげなく語るほど、ヨモギは民草の暮らしの一部となっていたのだが、お守りに使われる聖なる草であることにこそ、私は注目する。水俣病は「何の薬も利かん病でございますが、蓬は気持ちにしっくり」するという物言いが、身に沁み入ってくる。

娘の屍体を背負って線路を歩いたあの江郷下マスも、「艾を守り袋」に入れている一人だった。彼女は、お婆さんカップルの坂本トキノ婆さまと共に、巡礼の御詠歌の師匠・田中義光様をはばかって、「お数珠に艾《もぐさ》がくっつかぬよう別袋にしていた」のである。


「ご詠歌もろくに覚えんくせして、蓬《ふつ》じゃの艾《もぐさ》じゃの、何の効能のあるか。効能のあるなら、株主巡礼にも高野山にも、行かんでよかじゃろうが」

そういわれるのがおちだったので、〔トキノさんと〕互いに手縫いの袋にそっと手をやり、

「お守りは持ってきたや？」

と囁き交わすのは、秘中の秘を打ち明け合うようで嬉しそうだった。(22)

蓬のお守り袋や艾など水俣病には何の効能もないと決めつける師匠の物言いを引用したところには、石牟礼さんが、水俣病患者たちの中に、ズレや齟齬が幾重にもあって、捩れに捩れていることを示したいという深慮があったと思われる。

田中義光、御詠歌の稽古の師匠を買って出たこの水俣病患者は、イカ釣り道具作りの名人、ミカンつくりの腕利きといった職人的風流人の趣があった。娘の静子を亡くし、父親は重篤で寝たきり、それを押して夫婦で巡礼行に旅立つにあたり、十六歳の三女を留守に残すことを気にしていた。オムツの手当ては妻でないと勤まらないのを、姉娘に託してきたのだった。株主巡礼の汽車旅で、その三女の名「実る子」が般若心経からいただいた旨を、石牟礼さんに明かす。

……般若波羅蜜多《はんにゃはらみた》は、……能《よ》く一切の苦を除きて、真実にして虚ならず……その実をとって実る子とつけましたんじゃ。……逆世の真実を身に負うとる。……心をむなしゅうしてへり下っておるのが実りじゃと、それが仏の救いじゃと儂ゃおもうとる。(23)

生まれてから一度も物を言ったことのない「坪谷《つぼたん》小町」、こと「実る子」ちゃんを思う師匠について、石牟礼さんは、またこうも述べている。

……娘のことを考えると、帰依し修行しているつもりの般若心経の教えも、頭ではわかる気がするが、心の修羅はどうにもならない[24]。

これらの石牟礼さんの物言いから、『苦海浄土』が「仏の救い」や「心をむなしゅうしてへりくだっておること」に依拠した世界ではないことが、仄見えてくる。

敢えて言わせてもらえば、この師匠には、お山の大将的な「我」の強さ・プライド・奢りがどうしても出てしまうところがある。色気もユーモアもあり、きわめて庶民的な人であるのだが、思わず知らず、そうなってしまうことを、石牟礼さんは見逃さない。師匠は、烏賊《いか》釣りの疑似餌「烏賊ガナ」を掌に乗せて石牟礼さんにこう語ったという。

「これがなあ、下手くそもおるとじゃもんなあ、同じ漁師でも。分けてくれちゅうて、釣り具屋が買いに来るですよ。売らんですよ、安う値切ろうとかまえとるもんな。企業ヒミツじゃけん売らん。鉛の着け場所がな[25]」

これは、屈託のない自慢話に過ぎないとも評することができるかもしれない。しかし、妻「はぎの」の話や亡くした「静子」の話となると、そうとばかりは言っていられなくなってくる。水俣病の原因をつきとめるため、保健所や会社病院から頼まれて、「定着性」故に水銀の蓄積が多いと見込まれた「ムラサキ貝」を集め、しびれた手で貝から生ま身をむきとる「情けない」作業について語る師匠の物言いには、父権的なプライドが露骨に出ている。

　これ〔妻〕はその、静子、実子と続けて様子がただごつじゃなかったもんですから、貝採りのなんの、ゆかれんとですよ。わが家のぐるりに付いとる貝ですがね。儂《わし》がこさぎにゆきおったですよ。牡蠣《かき》打ち持ってですね。

　だいたい男がですね、沖にも出らずに、小ぉまか牡蠣打ちぶら下げて、海の縁《へた》にひっついて、貝こさぎにゆくちゅうは、情けなか仕事ですよ。よっぽど能のなか、ひま人のごたる。ありゃ昔から、女子どもの仕事ちゅうか、娯しみごとでしょうが。(26)

　この物言いの最中、思わず、師匠は、妻が貝採り名人で、「人の三倍は採るですよ(27)」と洩らした。更に、親類から「実子ちゃん、よかおなごになったねえ……。だんだん、はぎのさんに似てくるが。坪谷小町ぞ」と褒められたことを思い出しつつ、あの患者一号の溝口トヨ子を意識して、こう語ってしまう。

水俣病のうっ発ちは、溝口家の娘が第一号ちゅうことになっとるが、どう考えても、儂《わし》家《げ》の静子の方が一番じゃったですよ。(28)　（傍点は引用者）

患者第一号が誰かにまでこだわってしまうプライドは、「仏の救い」を通り越した愛娘《まなむすめ》・実子の描写にまで災いしていると思わざるをえない。

波止めのセメントの上に小積《こづ》んだ貝の生ま身にですね、青蠅のわんわんたかって、情けなかりよったですよ。そして、人間はその時どうなっとったか。俺家《おるげ》のじいさんと静子は、あとに生まれた実子までもですよ。殻から出されて、打っちゃげて、汁の流れとる貝の身とおなじじゃろうが。姉は五つで、妹は二つで、発病しとっとですから。(29)

師匠が「情けなか」と悔やむ愛娘は、「情けなき作業」のなれの果ての死体の貝の剝き身にたとえられたのだ。こうした咄嗟のたとえには、萎えた娘を「生ける屍《しかばね》」とまでみなしてしまう「我」が洩らされていないだろうか。金になるミカンや疑似餌とは無縁のヨモギや手製の艾を水俣病には「利かん」雑草の類に貶めるのも、そうした「我」ではなかったか。

御詠歌の「人のこの世は永くして」「かはらぬ春とおもへども」「はかなき夢となりにけり」の「夢」をどうしても「恋」と謡ってしまう「流行歌」好きのカップル、おマスさんとトキノさんは、叱りつける師匠を憚りつつ、稽古に出かける道すがら、煎じて呑んだら「利くかもしれん」「呑まんよりはよかろうか」と思うヨモギについて、段々畠でたまたま出会った女房と語りあう。

〔婆さま〕「どこの〔蜜柑《みかん》〕畠も蓬《ふっ》ばっかりじゃなあ。精のある草じゃ。人間は萎えてしもうて」……

〔女房〕「もとはよか蜜柑山じゃったがなあ。蓬畠じゃもう。艾にでも薪にでも、引きこがして持って行って下はりまっせ」

〔婆さま〕「まあ、有難うございます。ここのはまだ青々として、薬気《くすりけ》の多かごとあります」「ほんに、青汁の濃ゆ濃ゆと出そうにあるよ。あんたげの婆ちゃんにも、きっと利くばい[30]」

景気のなりゆきでサツマイモ（水俣では唐藷《からいも》と呼ぶ）の畠からミカンの畠に変わったこの段々畠も、金銭とは無縁の蓬畠になってしまっていた。その「役たたず」のヨモギの青汁や煎じた汁、そして艾の灸は、水俣病に利くかどうかは分からない。しかし、「精のある草」であり、「薬気の多い」聖草として婆さまカップルに遇されているのである。師匠を憚りヨモギのお守り袋を忍ばせた婆さまたちは、ヨモギの「精」と「薬気」とに感応する魂で、チッソ大阪事務所の超近代的なエレベーターに乗った感触を、発電事業から出発したチッソの毒に当てられたかのように、こう表現せざるを得なかった。

「わたしゃ魂に電気のかかって、ぐあいの悪かがなあ(31)」

石牟礼さんに言わせると「十七年という歳月の毒素が、あのチッソ事務所の中からどっと流れ出して来て、二人の老女を押し包んだにちがいなかった。」「解剖された娘も、二人の息子もご亭主も自分も、身体だけでなく魂さえもままならない。それゆえ都会の人方が乗るというエレベータに乗せられた時、魂がいきなり電気にかかって、仲々自分の所へかえって来ない気がするというのであった(32)。」

艾に手揉みされたヨモギは、膝頭が「ぴかぴかに腫れ上がっている」おマスさんの足の浮腫へのお灸に使われたが、ヨモギのお守り袋は、近代化によって圧殺されてきた魂と信仰とに奥深く関わったものだったのだ。エレベーターの毒にあてられたトキノさんは、チッソの事務所の川村所長のまわりに「蝶々」の幻影を見たのだった。

狐さまの住む「しゅり神山」は、ダイナマイトで崩され、鉄道が敷かれ、近代化学の工場が建設された。その「しゅり神山」の菜の花の「蝶々」を彼女は幻視したのだ。トキノさんの娘和子さんの守護霊が蝶々で、その蝶々を大阪まで連れてきたのであり、その守護霊を守る袋がヨモギの袋だった。トキノさんは、水俣病の発生を、環境汚染やメチル水銀のメカニズムを超えて、文明そのものあり方に見抜いていた。チッソの会社が「裏山」にしてしまった「しゅり山」こそ「表山」だと言い切った時、苦海そのものの裏の裏に、ほとんど失われてしまった母系的水脈が必死にまさぐられつつあったのである。


「ほんに、あそこが、しゅり神さんの表山よ。菜の花の蝶々の山で、狐たちの山で。裾には井川まであって、万病の神さんで、大園《うぞん》の塘《とも》の女郎衆が願かけに来よらしたげなですよ。誰も詣らんごつなって粗末にしてから、水俣病まで出て来たと、わたしは想うとります」……「おしゅらさまば、わたしは信仰しとる(33)」

「チッソの人方もね、魂の高かお人なら、しゅり神山のおしゅらさまのことは、お解りになりそうなものでございますよねえ。位の高か狐ですがねえ(34)」

鱗に神気を感受する「悶え神」

『苦海浄土』第一部の白眉は、第四章「天の魚」の「九竜権現さま」であろう。石牟礼さんは、一九六四（昭和三十九）年初秋、水俣市八の窪、江津野杢太郎少年（九歳、昭和三十年十一月生まれ）と彼の祖父との深い絆に接する。江津野家の大黒柱の爺さまは、年上の妻とともに水俣病患者であるが、働き盛りの一人息子の清人も患者となり、その嫁は三人の男の子（次男の杢太郎だけが胎児性水俣病）を残して他の男と結婚という苦境にあり、生活保護を受けていた。三十歳を越えても名前だけの世帯主である清人は、ありとあらゆるものに遠慮して暮らし、診察を受けることも遠慮していた。

なぜか。生活保護を受けた上に、患者認定申請などしようものなら、「税金泥棒」「会社つぶし」という非難を水俣「市民」から受けるからだ。『苦海浄土』第二部の第二章「神々の村」には、水俣病患者自身がその小さいプライドからか、生活保護を受けている患者を密告するという現実が、活写されている。子守の小遣い稼ぎをしたとか、子どもが出稼ぎに出ているといった投書が、市役所の民生課に投ぜられ、保護費が減額されるといった事態が生じていた。あのプライドは、容易に悪質な妬みに変じてしまうのである。江津野家も、そうした周囲の目に晒されていた。

爺さまは、対岸の天草の貧乏な家の三男で、例のチッソ工場の百間港の護岸工事の人夫になるため、天草から「なぐれて（落ちぶれて）」水俣に住みつき、苦労の果てに一本釣りの船を買って漁師になり、「天のくれらす魚」によって、貧しいながらも「栄華」に満ちたその日暮らしを営んでいた。石牟礼さんを「あねさん」と呼ぶ天草弁の追憶には、慎ましい暮らしが語られ、あの師匠・田中義光さんのプライドのかけらも見られない。

あねさん、わしゃふとか成功どころか、七十になって、めかかりの通りの暮らしにやっとかっとたどりついて、一生のうち、なんの自慢するこたなかが、そりゃちっとぐらいのこまんか嘘はときの方便で使いとおしたことはあるが、人のもんをくすねたりだましたり、泥棒も人殺しも悪かことはいっちょもせんごと気をつけて、人にゃメイワクかけんごと、信心深う暮らしてきやしたて、なんでもうじき、お迎いのこらすころになってから、こがんした災難に、遭わんばならんとでござっしゅかい。

なむあみだぶつさえとなえとれば、ほとけさまのきっと極楽浄土につれていって、この世の苦労はぜんぶち忘れさすちゅうが、あねさん、わしども夫婦《みょうと》は、なむあみだぶつ唱えはするがこの世に、この杢をうっちょいて、自分どもだけ、極楽につれていたてもらうわけにゃ、ゆかんとでござす。わしゃ、つろうござす[35]。

なああねさん、わしどもが夫婦《みょうと》というもんは、破れ着物は着とったが、破れたままにゃ着らず繕うて着て、天の食わせてくれらすものを食うて、先祖さまを大切に扱うて、神々さまを拝んで、人のことは恨まずに、人のすることを喜べちゅうて、暮らしてきやしたばい。[36]

天草生まれ水俣育ちの石牟礼さんは、『椿の海の記』や自伝『葭《よし》の渚』に明らかであるが、天草に格別の愛着を抱き、未発表の処女作『不知火おとめ』の「あとがき」では、「我が家ではとても高雅な調べの天草弁が使われていた。わたしの表現の源はこの天草弁である[37]」とまで語っている。だからこそ、石牟礼さんは、「ふたりから天草なまりで姉さん！と呼びかけられるとわたくしは、生まれてこのかた忘れさられていた自分をよび戻されたような、うずくような親しさを、この一家に対して抱くのだった[38]」と語ってしまう。ある日、言いそびれていたおねだりを口ごもり気味に試みる。榊《さかき》の枝と野菊の花が生けられた花立てが置かれた一間ほどの神棚、「床の間であり神殿であり須弥壇《しゅみだん》」であり、仏壇も兼ねているらしい神棚に置かれた「ずらりと並んだなにか定かならぬくろぐろとした御神体」の中の「九竜権現《くりゅうごんげん》ちゅう神さま」は「いったいどげん御姿しとらす神様じゃろ」と。

「心やすか神さん」の「竜神さん」として目にしたものは、「竜の」鱗《うろこ》であり、「六ミリ幅、三センチ長さくらいの楕円形の、厚みのある、乳褐色の、雲母でもない、たしかになにかのうろこ」には違いなかったのである。

「数知れぬ魚共がうろこは、わしも漁師で見とりますばってん、こがんしたうろこはありまっせんで、竜のうろこでござっしゅ。鬼より蛇より強うして、神さんの精を持っとる生きものでござすそうで、その竜の鱗ちゅうて、先祖さまからの伝わりもんでござす。天草から水俣に流れて来ましたとき、家もつくっちゃやれん、舟もこしらえてやれんで、この神さんばつれてゆけ、運気の神さまじゃけんと親がいうてくれて、一緒におつれ申してきて、運気の神さんでござす。ひきつけを、ようなおしてくれらす。[39]」

この問題の「九竜権現さま」が、石牟礼さんの掌の上で、「じりっと身じろいだ」時、爺さまは、

「ほんに、この神さまは、その身になって考えらすとばい。あれまあ、こげんなるまで体ば曲げて。あねさんなふのよか（運がいい）。うちの杢《もく》がひきつけたときは、ぴーんと伸

びたまんま、曲がりもしなはらんじゃったて。……手も足も、曲がったまんま、モノもいいきらん人間になってしもうた。杢ばっかりにゃ、この神さんも首振らした。(40)」

「世界ではじめての病気ちゅうもね。昔の神さんじゃもね。昔は、ありえん病気だったもね。(41)」

爺さまは、絵にかいた竜の姿しか知らぬのに、この鱗に竜の「精」「神気」を感受しているのだ。そうした感受性こそ、逃げ出した嫁にさえ「運気」「神気」を見抜くのである。嫁は妻の姪で、八代《やつしろ》の農家奉公で親方に孕まされたが、不憫に思った爺さまは親方と談判し子を三人も下ろすことにし、家で養生させているうちに長男の嫁になった。それで三人の子ができ、逃げてまた三人の子持ちになった。その嫁を、

あれはわしが知っとるだけでも、九人の子持ちでござすばい。えらいな世の中を暮らすおなごじゃ。ほかの女ごの三世も四世もいっぺんに生きよるおなごじゃ。……母《かか》さんちゃ思うな。棚にあがらした神さんちおもえといいきかせますばってん。(42)

と評したのだ。

あの神棚には、嫁の写真とともに、流した三人の仏も、海石も、えびす様・金比羅様・お稲荷様・天象皇太神宮さま等々と「竜人さま」が居並んでいた。これを石牟礼さんは「精霊信仰」とも呼んでいるが、肝腎なことは、いかなる既成宗教にも納まらない神気への感応ではないか。私は、物言わぬ孫の杢太郎に神気を感ずる爺さまの深い「母性的」とさえ言える感性に驚いたのだった。

お上からいただく生活保護の金を、「一厘のムダづかいもせぬように」とりしきっていた爺さまは、唯一の楽しみの焼酎の晩酌のためにも、足りない分は漁に出て補わざるを得なかった。ままならぬ身体と白濁しかかった眼で息子と漁に出かけ余計に時間がかかり、ぐしゃぐしゃになったオシメのまま家に寝ころがされている孫のつらさに耐える「魂」の悶えに、「杢よい、堪忍せろ。堪忍してくれい」と悶え返すのだ。留守中、孫が釘と金づちを持ち出し「かなわん手で大工のまね」にのたうっていたことの察知も、悶えに満ちたものだったろう。

「このよな曲がり尺のごたる腕しとって。十ぺんに一ぺんな釘の頭に当たりますじゃろか。指にゃ血マメ出けかして、目の色かえて仕事のけいこばしよる。……

おるげにゃよその家よりゃうんと神さま仏さまもおらすばって、杢よい、お前こそがいちばんの仏さまじゃわい。爺やんな、お前ば拝もうごたる。お前にゃ煩悩の深うしてならん。(43)」

「こやつは家族のもんに、いっぺんも逆らうちゅうこつがなか。口もひとくちもきけん、めしも自分で食やならん、便所もゆきゃならん。それでも目はみえ、耳は人一倍ほげて、魂は底の知れんごて深うござす。……ただただ、家のもんに心配かけんごと気い使うて、仏さんのごて笑うとりますがな。それじゃなからんば、いかにも悲しかよな眸《め》ば青々させて、わしどもにゃみえんところば、ひとりでいつまっでん見入っとる。(44)」

石牟礼さんは、土地言葉の「悶え神」について、「空しい無数の、徒労の体験……の遺産を引き継いでいるということを、無自覚なまでに深く知っているゆえ、せめて、悶えてなりと加勢する無力な神(45)」と表現している。悶えることが神気に触れることであることを、私は爺さまから教わったのだ。

「治るのか、治らないのか、分からん」「救われるのか、救われないのか、分からん」悶えが悶えに悶えて、頭で分かっていることなど振り切って、「加勢になっているか、なっていないか、分からん」加勢に赴かせる。西洋哲学の理性信仰には及びもつかない世界、苦海の悶えそのものが「浄土」の世界であった。苦海が反転して浄土になるなどといったヘーゲル弁証法とは無縁の世界であった。

石牟礼さんは、また、

この家の、タンスも押し入れも、およそあの規格にとらわれた家具調度らしきものの、なにひとつ見当たらない神棚のある景観は、土間に据えられている水ガメや入口に転がっているこわれた針金のボラ籠や、鱗《うろこ》のこびりついている魚籠やとともに、われわれがあの、**暮らし**、と総称しているもののもっとも**明快な祖型をあらわしていた**。そして、このような様相をした一家には、いまだに語り出されたことのない韻々たる家系がたたみこまれているにちがいなかった。(46)

（強調は引用者）

と表現している。このような「明快な祖型」としての暮らしを、男の文学者たち漱石や鷗外や芥川や太宰は描かなかった。『土』の長塚節も『生活の探求』の島木健作もプロレタリア文学もそうであった。

石牟礼さんは、高群逸枝《たかむれいつえ》（一八九四―一九六四。母系制の先駆的な研究をなした偉大な詩人）の「汝《なんじ》洪水の上に座す神エホバ」「吾日月《じつげつ》の上に座す」という表現が気に入り、「個人は個人ではない。一切である。」「個人の哲学が偉大であるという理由はない。」「それと同様な哲学をあらゆるものもまたもっている。」「ただ、表現する機縁に打たれていないというのみである。」を引用している。(47)これは、蕃山の万物一体論に通じる哲学の表明ではないか。

逸枝は、あの「竜」を怪物ドラゴンとしてねじ伏せようとした『ヨハネ黙示録』の神をエホバとし、自分はマーキュリーとして、「日月の上に座す」と語っているように思えてならない。「九竜権現さま」に神気を感ずる杢太郎の爺さまの悶えに触れる「機縁に打たれた」石牟礼さんの悶えは、「毒死列島身悶えしつつ野辺の花」という表現を生み出し、苦海の悶えにこそ「浄土」を察知する哲学を生み出したのであろう。

水俣病は、今や、世界病である。チッソ会社は、電気・農薬・塩化ビニールを世界に蔓延させ、原発事故の放射能の毒は世界を巡る。ガンの多発は複合汚染の「成果」で、野生のタヌキをアトピーにしている複雑な農薬・添加物は若者に四人に一人のアトピー患者を量産し続ける。これを無視し、性懲りもなくエコノミック・アニマルが暴走を加速させているときこそ、生類の悶えに感応し、「神気」に触れるような地下水脈をまさぐる文運が求められる。現代日本のベスト・セラー、経済的格差の是正を訴えるピケティの『21世紀の資本』(みすず書房)も、里山の復権を提言した『里山資本主義』(藻谷浩介・NHK広島取材班、角川新書)も、学ぶべき点はあるものの、やはり金銭まみれの資本主義に呪縛され、「神気」など眼中にないようにしか思われず、「毒死列島」の闇に食い入ることはできないであろう。

注

（1）拙論「戦後社会科あるいは戦前生活綴方」『教育学研究室紀要』14号、および16号、國學院大學。
（2）拙著『マルクスとハムレット――新しく『資本論』を読む』藤原書店、二〇一四年。
（3）拙論・連載「熊沢蕃山と後藤新平」、序章「蕃山とは何者か」（『後藤新平の会 会報』第一四号、藤原書店、二〇一六年七月）、第一章「蕃山の天・地・人一貫の実学思想」の第一節『詩経』と『源氏物語』とに潜む水脈」（同前『会報』一五号、二〇一七年一月）を参照されたい。（鈴木一策『熊沢蕃山と後藤新平』藤原書店、二〇二三年所収、序章・第一章一）
（4）『知里真志保著作集 別巻Ⅰ 分類アイヌ語辞典 植物編・動物編』平凡社、一九七六年、「序言」一三―一五頁。
（5）同前、本文二―三頁。（以下、「序言」と記さなければ本文の頁番号）
（6）同前、三―五頁。
（7）同前、二頁。
（8）石牟礼道子『葭の渚』藤原書店、二〇一四年、四一頁。
（9）石牟礼道子『食べごしらえ おままごと』（『石牟礼道子全集 不知火 10』藤原書店、所収）二六―二七頁。（以下、同全集からの引用は『全集』の後、算用数字で巻数を示す）
（10）湯浅浩史「ヨモギの風俗」『植物ごよみ』朝日新聞社、二〇〇四年、一〇〇―一〇三頁。
（11）熊沢蕃山『集義和書』巻十五（『日本思想大系30』所収）岩波書店、一九七一年、三一一頁。
（12）同前、『大学或問』四三二頁。
（13）『集義和書』巻十六、三四四頁。
（14）『集義和書』巻二、三三頁。
（15）石牟礼道子『全集 10』八八頁。

(16) 大塚恭男『東西生薬考』創元社、一九九三年、二八〇頁。
(17) 同前。
(18) 同前。
(19) R. V. G. Tasker 編『ヨハネ黙示録』岩隈直訳註、山本書店、一九九〇年、七七頁。
(20) 石牟礼道子『苦海浄土』第一部（『全集 2』所収）三三二頁。昭和三十一（一九五六）年四月の「一斉調査」によって、「溝口トヨコ（八歳）が第一号とされた」。
(21)『苦海浄土』第二部（『全集 2』所収）六〇〇―六〇一頁。
(22) 同前、六〇一頁。
(23) 同前、五五七頁。
(24) 同前、五五一頁。
(25) 同前、五六一頁。
(26) 同前、五六〇頁。
(27) 同前、五六三頁。
(28) 同前、五五九頁。
(29) 同前、五六五頁。
(30) 同前、四八二―四八三頁。
(31) 同前、六〇二頁。
(32) 同前、六〇三頁。
(33) 同前、六〇三―六〇四頁。
(34) 同前、六〇五頁。
(35) 同前、一五五頁。

(36) 同前、一六二頁。
(37) 石牟礼道子『不知火おとめ』藤原書店、二〇一四年、二〇三頁。
(38)『全集 2』一四二頁。
(39) 同前、一四六頁。
(40) 同前、一四七頁。
(41) 同前、一四六頁。
(42) 同前、一四九頁。
(43) 同前、一五六頁。
(44) 同前、一五五―一五六頁。
(45) 石牟礼道子「自我と神との間」(『全集 9』所収)四〇四頁。
(46)『全集 2』一四三頁。
(47) 石牟礼道子『最後の人』(『全集 17』所収)三〇頁。

第Ⅱ部

石牟礼道子の世界

第1章　『苦海浄土』から『春の城』へ——「悶え神」と「蓬《ふっ》文化」

「暮らしの祖型」

「水俣事件」と「天草・島原事件」は、石牟礼道子の生活圏に起こった二つの大事件であったが、これらを全身全霊で掘り下げ、世界史上・「宗教」思想史上の大事件として表現しきろうとした作品が、処女作『苦海浄土』と最後の傑作『春の城』であった。二つの作品を貫徹するテーマは、天と地に感応する「暮らしの祖型」[1]に脈打つ人情の機微をきめ細やかに描き切ることにあったと私は感じている。「悶え神」と「蓬《ふっ》文化」、二つの側面を切り口として、このテーマに迫ってみたい。

「悶え神」

『苦海浄土』と『春の城』に共通しているのは、天と地に感応することから滲み出てくる素朴な「神性＝霊性」によって、制度的「宗教」（国家や企業も）が突破されたその先に、無力な神、「悶え神」が活写されていることである。人が窮地に追い込まれ、余計なものが削ぎ落されていったその先に、存在を顕わにする生来人間に備わった生類同志をつなぐ根源的な力のようなものとでも言ったらよいのだろうか。石牟礼さんは「悶え神」について、初期の論考で次のように語っている。

悶え神とは、自身は無力無能であっても、**ある事態や生きものたちの災禍**に、全面的に感応してしまう資質者のことである。この世はおおむね不幸であるが、ことに悲嘆のきわみの時に悶え神たちが来て、共に嘆き悲しみ加勢してくれた（饒舌の意味ではない）ことを、悲嘆の底に落ちたことのあるものは、生涯のよき慰めとする。その悶え神とは、ただじいっと涙をためて寄り添って来る**まんまんさま**であったり、背中を黙って撫でて去る老婆であったり、憂わしげに、片隅から見あげている、いたいけな幼女であったりする。そして、わが身も不幸を負っているものである場合もある。

神話伝説の神々に片輪者が多いのもこういう謂われを含んでのことと思われるが、それはなぜなのか。「うすらバカ」や「片輪」を神にするのは、いうまでもなくこれを超俗者として復活させたいためで、そのように願うのは**人びとの中にある悶えの意識**とおもわれる。ここで大切なのは、両者の間にある絶対無償の関係である。あるがままの存在すべてを黙って大切にする、いやいや、役目を持たせて大切にする、そういう世界なのであった。[2]

（強調は引用者）

「悶え神」の典型は、『苦海浄土』第一部第四章「天の魚」に登場する胎児性水俣病患者の江津野杢太郎少年とその祖父であり、『春の城』に登場する島原・口之津《くちのつ》（切支丹の巣と言われた）の庄屋・「慈悲組」の親方である蓮田仁助と、その妻お美代の子守で今は賄いに徹している「おうめ」である。

「蓬《ふつ》文化」

また、両作品は、近代文学が決して表立っては描いてこなかった天と地に感応するコスミック《コスモス》な（宇宙と連動した）農業や漁業をこそ「暮らしの祖型」の土台に据えている。『食べごしらえ　おままごと』[3]に描写されたような食と衣と住、ことに「蓬《ふつ》文化」と総称しうるもの、「食べごしらえ」を始め、ヨモギからこしらえたモグサによるお灸という医療行為を含み、まさに天と地に感応することそれ自体のようなコスミックな芸能まで畳みこんだ人情味あふれる「暮らしの祖型」が、『苦海浄土』と『春の城』では丁寧にきめ細やかに描かれている。この「蓬文化《ふつ》」は、死体を大地に返し「宇宙のみごとな循環」を体現している蛆虫のことを「蛆虫女神 Lady Worm」と呼んだコスミックなハムレット（シェイクスピア『ハムレット』、五幕一場）に通底している。というのも、ヨモギは英語ではまさに「蛆虫」と絡む「蛆虫草 wormwood」(4)であり、学名がアルテミシアであるように、月（陰の世界）の女神アルテミスに因むコスミックな聖草であるからだ。太陽とともに月を崇拝するケルト文化と「蓬文化」は通じている。石牟礼さんの語る「この世を存立させる存在の基底部」(5)にしかと根を下ろした文化に、垣根はないのかもしれない。

次に、『苦海浄土』、『春の城』の各所に「悶え神」と「蓬文化」を探ってみたい。

『苦海浄土』における「悶え神」と「蓬文化」

第四章「九竜権現さま」における「悶え神」

一九六四（昭和三十九）年初秋、三十七歳の石牟礼さんが、水俣市八ノ窪の江津野家を訪れ、神棚でもあり仏壇をもかねている棚に見た「神々さま」(6)は、多神教とかアニミズムといったキリスト教的概念で括ることのできない「悶え神様」たちであった。棚には、三センチもある大きな鱗の「九竜権現さま」や「えびすさま」等々のほかに、三人の子を残して逃げた長男の妻さちこ（まるで「転んだ」切支丹のようではないか）の写真から、流した三人の赤子の「石ころ」[7]まで載っていた。天草から水俣に流れついて苦労の果てに船を手に入れ妻と不知火海で漁をして、つつましいけれども「栄華」[8]にみちた暮らしを送っていた大黒柱の爺様は、自身水俣病に冒され、「お宝息子」も冒され、二番目の孫の杢太郎は胎児性水俣病であり、「さちこ」には逃げられ、生活保護に頼る羽目に立たされていた。その爺様は、逃げた母の写真を三人の孫に「神と思って拝んでくれ」というのだった。

『苦海浄土』の核心である「悶え神」は、奉公先で孕まされ、嫁ぎ先では夫と次男を水俣病患者として抱え込み、悶えに悶えた「さちこ」でもあるが、その逃げた嫁を神棚にまで上げる爺様こそ「悶え神」であろう。そしてまた、その爺様が悶えを感じとって悶え返した杢太郎少年こそ「悶え神」だった。

わしども夫婦は、なむあみだぶつ唱えはするがこの世に、この杢をうっちょいて、自分どもだけ、極楽につれていたてもらうわけにゃ、ゆかんとでござす。わしゃ、つろうござす。[9]

この爺様の物言いこそ、「後生までも友達となり申す[10]」と死を覚悟して籠城した天草・島原の切支丹の民草の心根に通じるものであろう。

魂は底の知れんごて深うござす。……家のもんに心配かけんごと気い使うて、仏さんのごて笑うとりますがな。それじゃなからんば、いかにも悲しかよな眸《め》ば青々させて、わしどもにゃみえんところば、ひとりでいつまっでん見入っとる[11]。

この杢太郎の描写には、ご利益宗教や、地獄を突きつけ最後の審判を下すキリスト教を突き破る「悶え」の深さを見ることができよう。石牟礼さんは、『春の城』についてのインタビューに答えて、こう語っている。

患者さんたちと一九七〇年代はじめ、東京のチッソ本社で座り込みをして、盾を持った機動隊にぐるりと囲まれたことがありましてね、私、不思議とこわくなかった。患者さんたちと死ねるのなら死んでもいい。そう思った時、ふーっと「島原の乱」のことが頭に浮かんでね[12]。

東京駅の座り込み・断食の「捨て身」は、江津野の爺様と杢太郎少年の「悶え」と響きあい、原城で断食しつつオラショを唱える天草四郎の「捨て身」に連なってゆく。『苦海浄土』の冒頭に掲げられた浄瑠璃めいた歌謡「繋がぬ沖の捨小船／生死の苦海果もなし」の「捨小船」こそ「捨て身」を象徴し、浄土は西方の極楽ではなく、「わしどもにゃ見えん」果てしない「生死の苦海」こそ浄土であることを仄めかす。

『苦海浄土』における「逢文化」

水俣病に冒される以前の江津野の爺様の「暮らしの祖型」は、海の水で炊いたうまい飯を船の中で食し、釣りたての魚を刺身にして焼酎を妻と酌み交わす質素で穏やかなものであるが、「魚《いお》」を天が恵んでくれたものと表現する爺様を活写したところに、石牟礼文学の本領が発揮されている。

あねさん〔天草弁で道子さんを指す〕、魚は天のくれらすもんでござす。……ただで、わが要ると思うしことって、その日を暮らす。

これより上の栄華のどこにゆけばあろうかい。(13)

『苦海浄土』第四章の「天の魚」と、第五章の水銀にまみれた「地の魚」との対比は、天(陽)と地(陰)というコスモスに感応することを忘れ、驕りに満ち満ちた近代生活がのっぺりとした単一的なユニヴァースに囲いこまれていることを暗示しているであろう。また、天と地・陽と陰のコスモスは太陽と月のコスモスでもあって、石牟礼さんが生まれ変わりと思うほどに共感した高群逸枝(詩人でもあり、上古の姫彦制と母系社会の歴史学者でもある)の長編詩「日月の上に」で宣言された思想と深く固く結びついている。

汝　洪水の上に座す　神エホバ
吾　日月の上に座す　詩人逸枝(14)

天の星の秘密を知りたいと思うものは地の足の下を掘るにしかず(15)

このように、天と地、日と月の上に座す「暮らしの祖型」は、『苦海浄土』第二部第四章「花ぐるま」と第六章「実る子」に描かれた「蓬文化」にくっきりと現れる。チッソ大阪支社の株主総会に出かけ、高野山巡礼団に加わることになる婆さまたちは、「蓬《ふつ》」を「精のある草(16)」「青々とした、薬気の多(17)い草として煎じて飲み、モグサにして灸を据える「蓬文化」の暮らしを送ってきたが、巡礼の御詠歌の稽古の足手まといとなり、師匠から「ご詠歌もろくに覚えんくせして、蓬《ふつ》じゃの艾《もぐさ》じゃの、何の効能のあるか。効能のあるなら、株主巡礼にも高野山にも、行かんでよかじゃろうが[18]」と詰られても、艾をつめた守り袋を身につけて巡礼に出発する。患者第一号とされた溝口トヨ子ちゃんの母も、「蓬文化」に包まれた巡礼参加者だった。

「ここらの女ごはみんな蓬《ふつ》が好きで、団子にも餅にも蓬くろぐろ入れて[19]」

「薬ですので、絞って飲ませたり煎じて自分も飲んだり、床ずれにつけたり、艾《もぐさ》に摘んだりしますもので[20]」

「何の薬も利かん病でございますが、蓬は気持にしっくりしますもんで、株主巡礼にも蔭干してお守り袋にしたり、艾にしたりして身につけて行きます[21]。」

こうしたヨモギを多方面に活用する暮らしは、ヨモギを聖なる魔除けの草として珍重したアイヌ文化にもあったことは、知里真志保の『分類アイヌ語辞典　植物編・動物編』からうかがえる。アイヌが、ヨモギの茎葉を束ねて身を清める身振りを「打つ kik」というが、「打ち水」などの清めの身振りが「ふつ」（九州南部）「プッ」（竹富島）「ふーち」（沖縄）だとしたら、日本列島の南部の「蓬文化」は北部のアイヌ文化と地下水脈で繋がっていたことになろう。

江戸初期の思想家、熊沢蕃山が紫式部の『源氏物語』を「強いて教えがましき筆法をあらわさず、」好色を釣り糸とし「好色のたわぶれごとゝなして、その中にいにしえの上臈の〔簡素で品のいい〕美風・心持《もち》ゐをくわしく記し残せる」(22)と畏敬の念を以て評し、やわらかな筆遣いの裡に、奢れる政治世界をあぶり出す鋭さを見たように、石牟礼道子の『苦海浄土』も、チッソが流した水銀毒にまみれた「苦海」を釣り糸として、実は上古の南海の島々の「臈たけた」「つつましく品のよい」遺風〔蓬文化〕をつぶさに描くことで、奢れる「近代日本」を根源から炙り出したのだ。

『春の城』における「悶え神」と「蓬文化」

「悶え神」としての「おうめ」

原城に籠城した切支丹には、有馬の切支丹大名の旧臣の武士やら水のみ百姓・漁民やらが含まれていたが、石牟礼さんは、これらの人々との絆に支えられたそれなりに裕福な庄屋たちにも焦点をあて、若き総大将四郎を中心に描くことなく、切羽詰まった決断を切支丹に迫ってゆく必然性を、庄屋とそこで働く人々との関係から濃密に描き出す。その「必然性」は、「蓬文化」的な食生活の微に入り細を穿つ描写から浮かび出てくるが、これは後述する。第七章「神笛」

では、庄屋の蓮田仁助が下働きの「うめ」に、切支丹ではないのだから一揆に参加しないように勧める。これに対し、うめは「厄介払い」は困ると応じず、いつにない身の上話を始めるのだった。この話には、あの「悶え神」のテーマがくっきりと浮かび上がる。

赤子の時、疱瘡にかかって死にかけ、父は一位の木を「赤子のあたいに似せて[23]」彫って観音様とし、島原の南・加津佐の岩戸観音に願かけに行った。ところが、伴天連（司祭）衆と切支丹の若い衆が、岩戸観音様を邪教だとして焼き打ちした。父は似せて作ったことを後悔し泣いたという。おうめは、金のことしか考えない坊主を多く知っているし、デウス様がまさか観音様を焼けと言ったとは思わないと前置きして、「アメンも言わん人間をば責めもせず、大事にして今まで使うて下さりやした」と仁助夫婦に感謝し、驚くべき発言をする。

「あたいはここのお家に来て、本物のデウス様と本物の人の姿を見せてもらいよります。父っつぁまの願かけなさいた観音菩薩とマリア様が二人逢われたなら、仲良う、いよいよ優しゅうなられるとあたいは思いやす。仕事が出来る間はマリア様と観音様にお仕えして、ここのお家に居らせてもらうつもりでござりやした。おなごが言うのも何じゃが、昨夜のお話、切支丹でなくとも、あたいはとっくに同心のつもりでやした[24]」

「戦さは刀、鉄砲ばかりで出来るものじゃなか。鍋釜を抱え包丁を取り、石臼をひく者が居らんことには。[25]」

「死ぬ時は一緒でござす、それで本望じゃ[26]」

『苦海浄土』における江津野の爺様の母性的な「悶え神」ぶりと共通するのが、観音信仰とマリア信仰とが共存する「おうめ」の物言いだったのだ。仁助は、「慈悲組」の長で、孤児や身寄りのない老人たちを助ける義の人であった。その仁徳の人が、『春の城』最終章「炎上」では、おうめに対し、膝を痛めて寝たままで、こう最後の懺悔をしたのだった。

おうめ。……わしらのデウス様にも尽してくれたのにくらべ、わしは自分の宗門にあぐらをかいて、**へりくだりを忘れておった。**この期になって、わしは恥じ入るばかりじゃ。お前こそ観音様の化身じゃと、今にしてわかる。なあみんな、わが家に灯るまことの高籠はおうめかもしれんぞ。わしらはそのまわりを飛ぶ小さな虫じゃ。なあ、夢のごたる眺めではなかか。[27]

（強調は引用者）

「虫どもは御明りが好きでござりやす。……百姓は虫けらとおなじじゃと言われて来やしたが、地面の上下にゃあ、虫もいろいろおって、可愛ゆうござりやす。信心深か虫もおりやすぞ、きっと[28]」

というおうめの会話を反芻して、

この世において、はかり難く巨きなものと、ごくごく小さなものは等格であり、ともに畏れ敬うべきであると彼女は言っているのだ。キリシト様の教えらるる**へりくだりの心を、さらに深めて生きて来た百姓女が静かな威厳にみちてここにいる。**今生の終りを待つひととき、思いもかけぬ浄福がわが家を訪れている。神の用意された刻と言わずして、何と言おうぞ。仁助は仰臥したまま十字を切った[29]。

（強調は引用者）

苦しむ者に何もできなくても加勢しようと悶えるだけの「悶え神」のへりくだりを、石牟礼さんは「さらに深めてきた」のではなかろうか[30]。「今日は如月《きさらぎ》の二十六日ぞ[31]」と仁助が言って最後の晩餐の酒盛りになった。年に一回の最大の大潮が間近い。如月とは「生更ぎ」から来ていると『広辞苑』は記す。草木が更生する「春」を告げる月が如月だとしたら、切支丹が籠城した「原城」を「春の城」とした石牟礼さんは、かの「悶え神」のへりくだりこそ、日本列島の「更生」の鍵だとしたに違いない。

「ヨモギ」のしらせと女の予感――一揆必然化の諸相

一揆が必然化する生活相の描写は、まず「おうめ」のモグサの腕前から始めるべきかと思う。一揆が起こった年は春から天候不順が続いて秋の実りが懸念され、日照り続きに雨乞いがなされ、「蓬《ふつ》や萱《かや》がいつもよりたけだけしく見えるのも、雨が来ずに葉がかさかさになっているからだ」[32]。そうした乾いたヨモギからの連想で、おうめのもぐさが問題にされる。

おうめの蓬のもぐさは使いやすい、と島原の医者さまから買いに来る。揉みの仕上りが美しく、丸めて使うのにまとまりやすいそうだ。それで、患者がやたらと火傷をしないというのであった[33]。

うめは、医者にかかれぬ者に、その良質のもぐさをタダであちこち配っていた。このふるまいこそ仁助の「慈悲組」に加勢するものであった。天草から仁助の長男大助の嫁に来た「かよ」も、「慈悲組」で世話をしている身寄りのない老人たちへの土産として帰郷先の内野のゲンノショウコを引き抜いた。

このごろ小屋の老人たちの中には、海から妙なものを採って来て、腹をくだしたりするものが出始めていた。小椎の実をたべさせたいとすず〔蓮田家に拾われた孤児〕が言うのも、このごろ鍋に入れるものが少なくなっているからである[34]。

常になく多くの小椎の実を山から拾い集めた。今年襲って来そうな不作を、かよは予感したのではないか[35]。

このような女たちのかすかな予感をきめ細かに描くことで、一揆の必然性は感じられてゆくのである。蓮田家の倉の蓄えの減少も、家に仕える松吉とうめの口を借りてこう表現されている。

松吉「こう日でりが長引いては、野稲《のいね》〔陸稲《おかぼ》〕ばかりか、粟も助かるまいと思いやす。昨日、畑の粟ば引き抜いて、白穂のぐあいを調べて見やしたら、根の先まで乾き切って、ありゃあ、風呂の焚きつけにしかなりやっせん。いくら精の強か粟ちゅうても、あと五日も降ってくれぬとあらば、干し殺しでござりやす[36]」

と言い、人間もそうだと付け足す。

うめ「備えの雑穀も少のうござりやす。……いくら慈悲組のお役ちゅうても、あの人にもこの人にもと、際限のう施されては、わが家の口がまず乾上ってしまい申す。ほら、このささげ豆も皮ばっかり、実は入っちゃおりやっせん。(37)

たいていの日でりにも青々とした葉を揺らしている里芋までが、うなだれて萎れ始めているのはただごととは思えなかった。(38)

豊かな庄屋まで切羽詰まっていたのである。

このような天の日でりと地の乾燥に鈍感な驕れる殿様・松倉勝家と代官たちの過酷な圧政は、以下のように旧臣のキリシタンの口を借りて巧みに描写される。

「うむ、勝家の代になってから、とんでもないことになったぞ。綿や茶の木、炭、煙草、鋤、鍬にまで運上をかけて来おった。前代未聞じゃ」

「死人が出れば穴銭、子が生れれば頭銭。囲炉裏、炬燵、棚、戸口、ありとあらゆるものに運上じゃからのう」

「しかも、役人どもが人の家に踏みこんで、物言いの無礼なること、腹にすえかねる(39)」

仁助は代官所に呼ばれて「未だ納めきれていない年貢」をきつく請求される。妻のお美代は「今度の殿さまは、江戸にばかりおられて、ご家来に、未進の百姓は妻子を質に取れという殿さまじゃ(38)」と溜息をつく。未進米は連年不作の上に、法外な割り当てを受け、つもり積もっていた。仁助は悪代官にこう訴える。


「百姓どもの困苦は、もはや極まり、一村一郷といわずそっくり慈悲小屋〔他藩の眼を意識して松倉勝家が手を付けずにいることを楯にとっての発言〕と見なして、救米を願わねば立ちゆかぬほどになっておりまする。お見かけの通り、去年から引き続いての日でり、一歩外に出て見れば、田という田は割れ、山は燃えつかんばかりに乾き、ふだんの年なら鍋の楽しみに泳がせておる泥鰌や鮒のたぐいまで、早々死に申した」

「百姓どもは蕨や葛の根を掘ってしのいでいるありさまにて、赤子の生れた家では、母親の乳房まで乾上り寸前でござり申す(40)」

また、「煉獄にかかる虹」というエッセイで石牟礼さんは、

殿さまを見限って百姓になった浪人たちの窮乏も深刻であったと思われる。島原側のみならず、ローマにとどけられた数々の文書などを読むと村々の乙名《おとな》や肝入り役には武士名の者も多い。それはそのまま切支丹名にもなっていて、注目されるのに「慈悲組」なる組講があったことである。

「病人を助け、餓えたるを助け、孤老を助け、夫を失った婦人を助けよ」などという定まりであったようだ。むずかしい教義はさておいて、「ポロシモ（隣人）の誤りをかんにんせよ」というのを愛の義とし、慈悲組が機能していたであろうことは察しがつく。……

こういう事態の時、人は昔も今も哲学的にならざるをえない。パライソ〔天国・浄土〕への昇天を願う人々の目に、藩主や刑吏たちは醜悪とも憐れとも見えたことだろう。殉教の心得を学び合う組講まであったとは、鮮烈である。(41)

と語っている。石牟礼さんが、膨大な歴史文献にあたってこの作品を仕上げたことがよくわかる。そして、この『春の城』において、『苦海浄土』で掬い上げられた数々の「悶え」は「哲学的な」次元へと昇華されてゆくのである。

『苦海浄土』から『春の城』へ

「こういう事態の時」は、彼女自身が経験した「チッソ前での座り込み」に重なり、死を覚悟した先に現れた「恐怖もありませんし、むしろ気持ちが高揚して、この世の見納めに、人の心のさまざまをなんでも見せていただきましょうという気がしてました[42]」と語られた、苦しみや悲しみが捨象された、純粋に「見る」経験が元となっているように思われる。繰り返し語られるその経験は、いわば物語『春の城』の原型であり、世代を跨いだ石牟礼さんの追憶は、「原城」という場所と草木が再生する「春」という時間性と相俟って、われわれの時空間をも包みこむような現実味を帯びた強度でもって眼前に開かれてくる。

患者さんたちを見ていて、どん底の状態でいて、希望というものをもつことができる。肉体がある限界に達した時に魂はどうなるのか、魂はむしろより高いもの、より美しいものをめざして、なお生きようとするんだと。そこにおいて、人がつながりうる絆というのはしっかりあるんだということ……がわかりましてね。……チッソの前に座った時に、何もかも見たというのはそういう意味なんです。「ああ、原城に閉じこもって死んだ人たちが日夜見た夢・幻はどういう幻だったろう」と思いましたけれども、どういう人の一生の中にも花という瞬間があると思える。そういうものになりうる、そういう幻を見ることができる。できれば、生きた意味がそこに読めるような、幻とともに睡れるような。[43]

狐さまの住む「しゅり神山」が、ダイナマイトで崩され、鉄道が敷かれ、近代化学の工場が建設されるにともない、天と地の神気に感応しながら営まれてきた人々の「暮らし」は、自然から遊離し、「天地の軸」を失うに至った。水俣事件は、昨日まで田や畑、海でともに汗水を流し労苦をともにしてきた隣人、親子のあいだでさえも互いに疑い合う地獄絵図のような世界をもたらした。『苦海浄土』はルポルタージュのように描かれた私小説とも言える作品であるが、農民や漁民の言葉にたよらぬ無意識的世界に分け入り、水俣病患者のどこを見入るともわからぬまなざしや、ままならぬ身体の所作に、石牟礼さんはスッと感じ入り、言葉をそえる。近代的な価値観からは決して計りえない悶えの深みを、これほどまでに実在感をもって描いた作品はあっただろうか。そのような苦海の渦中に我が身もありながら、石牟礼さんは誰かを批判したり、告発するわけでもなく、自身の純粋な要求を、さらなる自己拡大を求め続ける驕り・慾心に基づいたものとは異なった、天と地に感応するコスミックな欲求をさらに深めてゆく。『春の城』を書くに至った動機について彼女は続けてこう述べている。

原城には何か美しい魂がゆきかっていて、人々はただもう一途に、来し方を振り返って昇天したに違いない。……子供からお年寄りから、人間が美しいということが信じられる、そういう魂になって、あの世に行くことができる。それをとても書きたいと思って、ぼつぼつ資料を集めて、それで何とか書きました。いま現在も生きていてちっともおかしくない親しい人たちの姿を借りて、魂が高貴なものになっていくという過程を書けたら、私自身がものを書くという大変贅沢なことが成しとげられるのですけれども。(44)

「悶え神」様たちの人情の機微に敏感なそのあり様は、月の満ち欠けや潮の満ち引き、四季の移り変わりといった自然の動きと軌を一にしている。「人はみな、世界の諸相を身に受けて、くるりくるりと反転しておるばかりかもしれませぬ(45)」という天草四郎の言葉は、そのことを象徴しているようにも思われる。観音信仰とマリア信仰とに隔てを設けないおうめは、雲が雨を降らすのと同じように、他人様の悶えに涙するような女性であっただろう。そして、石牟礼さんの筆によって、ふたたび自然形象の様相を帯びた有象無象の悶え神様たちは、「春の城」に永続的な生命を与えるものとなるだろう。

最後に、能「松風」のことに触れたい。決起の直前、蓮田家で天草四郎を交えて能「松風」が演じられる。有馬の旧臣の切支丹・辺見寿庵が鼓を打ち謡を謡い、右近（口之津の切支丹侍・

蜷川左京の息子）が松風を舞い、四郎が村雨を舞う。

月はひとつ、影はふたつ、満ち潮の、夜の車に月を載せて、憂しとも思わぬ潮路かなや。

夢も跡なく夜も明けて、村雨と聞きしも今朝見れば、松風ばかりや残るらん。(46)

公達に共に恋焦がれ悶死した二人の姉妹（松風と村雨）の謡には、これから籠城へと向かう各々の身が暗示されているようでもあり、傍らで聴いていたおかよもおうめもさめざめと涙する。「松風」における月夜の海辺の情景は、お月さまを「月のマリア様」(47)と敬う四郎たち切支丹を浮かび上がらせ、能がマリア信仰と溶け合う。世阿弥が完成させ室町幕府に囲われた能（猿楽）を、その気品を保持しつつも、土俗的な「催馬楽」（第十章「炎上」、籠城二カ月目の行列で讃美歌と共に余興で歌われた）にまで引き降ろす手腕は、新作能『不知火』でいかんなく発揮された。

能の「すり足」を思わせる歩みを見せる『天湖』の村人たちの祭礼、随所に「御詠歌」や「浄瑠璃」や「催馬楽」といった古謡をさしはさんだ作品群『あやとりの記』『おえん遊行』『水はみどろの宮』には、貴族化し官楽化した古典芸能を土俗に引き戻そうという並々ならぬ意思がみなぎっていたのだ。その大いなる意思の結晶が『春の城』であり、能の「松風」の月（観音様とマリア様）は、「如月」の「更生」を潜ませていたのだった。

注

（1）石牟礼道子『苦海浄土　全三部』藤原書店、二〇一六年、一五〇―一五一頁。
（2）「朱をつける人――森の家と橋本憲三」『石牟礼道子全集 不知火 第一七巻　詩人・高群逸枝』藤原書店、二〇一二年、三三三―三三四頁。（以下、同全集からの引用は『全集』の後、算用数字で巻数を示す）
（3）『全集 10』藤原書店、二〇〇六年。歳時記風の珠玉の短編集。
（4）シェイクスピア『ハムレット』野島秀勝訳、岩波文庫、二〇〇二年、三幕二場、一六八頁。
（5）「〈インタビュー〉石牟礼道子、『春の城』を語る」、石牟礼道子『完本 春の城』藤原書店、二〇一七年、七七四頁。
（6）『苦海浄土　全三部』一四五頁。
（7）同前、一五二頁。
（8）同前、一七〇頁。
（9）同前、一六三頁。
（10）『完本 春の城』七三〇頁。
（11）『苦海浄土　全三部』一六三頁。
（12）『全集 13』六九四頁。
（13）『苦海浄土　全三部』一七〇頁。
（14）高群逸枝『日月の上に』（『高群逸枝全集 第八巻』理論社、一九六六年、一一頁）。

(15)『全集17』藤原書店、二〇一二年、三四一頁。
(16)『苦海浄土　全三部』五〇一頁。
(17)同前、五〇二頁。
(18)同前、六二六頁。
(19)同前、六二五頁。
(20)同前、六二六頁。
(21)同前。
(22)熊沢蕃山『源氏物語抄』巧芸社、一九三五年。
(23)『完本 春の城』五一七頁。
(24)同前。
(25)同前。
(26)同前、五一八頁。
(27)同前、七三九―七四〇頁。
(28)同前、七三六頁。
(29)同前、七四一頁。
(30)「日々、生きるということの意味を全面的に受けとって、よくわからなくとも受けとって、納得して、そのとき、いわゆる貧しい境涯であったとしても、下の方から庶民のことを全部受けとめていくことで、人が生きるということの意味を、悲しみや苦しみをふくめて、一番どん底のところで私は知りたいという想いが、ずっとありました」(「〈インタビュー〉石牟礼道子、『春の城』を語る」『完本 春の城』七七四頁)。
(31)『完本 春の城』七四二頁。

(32) 同前、二〇六頁。
(33) 同前、二九九頁。
(34) 同前、二〇六頁。
(35) 同前。
(36) 同前、二〇七―二〇八頁。
(37) 同前、二〇八頁。
(38) 同前、二一一頁。
(39) 同前、二〇〇頁。
(40) 同前、二一四頁。
(41) 同前、八一七―八一八頁。
(42) 「〈インタビュー〉石牟礼道子、『春の城』を語る」(『完本 春の城』七七三頁)。
(43) 同前、七七四―七七五頁。
(44) 同前、七七五頁。
(45) 『完本 春の城』二七二頁。
(46) 同前、六七九頁。
(47) 同前、五七六頁。

第2章　『春の城』のコスモロジー

天草・島原一揆は、なぜ世界史的な大事件なのか

黒船来航は、徳川幕府を震撼させた大事件とされてきたが、「天草・島原の乱」は、乱どころか、世界史的な大事件ではなかったか。石牟礼道子『春の城』（全集版二〇〇七年、『完本 春の城』二〇一七年）の舞台の中心地、有馬領の貿易港・口之津《くちのつ》は、永禄年間、住民のほとんどがキリシタンであり、在日イエズス会最高責任者のヴァリニャーノは、ここを拠点として、布教のみならず、ヨーロッパ文化の移植を目論んでいた。この文明を背景にした三万もの島原と天草のキリシタンが、十三万の幕府討伐軍と全面対決したのだから、背景と膨大な数字だけで、この事件は世界史的大事件だということになるかもしれない。

しかし、石牟礼さんが物語っているのは、ユダヤ・キリスト教文明と仏教文明との総体を根底から揺さぶる宇宙観に深く関わる事件なのであり、まさにその意味でこそ世界史的事件だったということなのだ。物語られた一揆の深層には、男性中心の戦争や政治的事件・客観的な経済的背景ばかりに力点を置く歴史家には決して見えない、女と男の宇宙《コスモス》がある。その宇宙の襞に分け入り、制度化したキリスト教と仏教とが共に秘めやかに乗り越えられてゆく様を、特に女の暮らしぶりから克明に物語られたものが『春の城』だ、筆者はそう感じている。

天と地に感応する、下働きとキリシタンとの出会い

事件の研究書・歴史書の類を散見するかぎり、弾圧にもかかわらず殉教も辞さない一途なキリシタン、島原の松倉藩のように飢饉にも重税をかけてくるような圧政に直面して返り咲く隠れキリシタンばかりが浮かび上がる。しかし、石牟礼さんは、母なる大地に根を張り、「天のくれらす魚《いお》」のような生き物たちを仲間として暮す庄屋の下働きのおうめとその弟子の孤児すずとが、律儀な庄屋のキリシタン蓮田父子を揺さぶり、さらには、神の子にまで祭り上げられた益田四郎時貞の天地の子への改心を支える、生々しい現場を活写したのである。確かに、一揆の首謀者となる庄屋や帰農した浪人武士のキリシタンには、信仰を貫いて一揆に参加し、花と散った者も多かった。しかし、宗派を超えて人様を大切にし、天の時を畏敬し大地に根を張っ

たおうめや、すずの無心の身悶えに感応した蓮田父子や、四郎は、そのようには描かれていない。

石牟礼さんは、四郎をカリスマとしてではなく、生身の少年として描こうとしたという。元服のため遊学先の長崎から宇土の江辺《えべ》の自宅に戻った四郎は、作人の六助が小作の勤めの後、丹精こめて手入れした小さな畠でオラショを唱える姿を見て、「天に続く門の標《しるし》」を感じる。決定的なことは「天国」ではない点だ。現世の境界を越えた「いま一つのこの世」を祈る六助に自分は及ばない、土や岩を抱いて根を張らぬかぎり、糸の切れた凧のごとく揺れる「宙吊りの的」のようだと思うのだ。そして、この感じは、長崎の「おかっつぁま」おなみの過去を聞いた頃から感じ始めたというのである。キリシタンの両親を殺され遊女となり、今は成功して長崎の商人となり、四郎を引き受けたおなみは、イエスの足を髪の毛で拭った遊女マグダラのマリアのような存在として描かれる。

キリスト教に納得しないおうめ

そこで、石牟礼さんが『春の城』の決定的人物として描いたと思われる「おうめ」に焦点を絞り、幾つかの角度から彼女の暮らしぶりを見つめよう。

蓮田仁助の妻・お美代の子守だったおうめは、島原の蓮田家の嫁になったお美代に伴って下働きとなり、世間知らずのお美代を影ながら助ける。「倉の守り神」とまで言われるほどに暮らしの切り盛りの一切をこなす働き者であり、優しいけれども男顔負けの肝っ玉母さんのような存在だった。自分は出産の経験がないのに、仁助・美代の長男大助、大助の子まで取り上げた産婆なので、大地の母と言うべきだろうか。そのような存在として、仏教徒でありながら、親代々の熱心なキリシタンの蓮田家にすっかり溶けこんだ。そんなおうめが自分の来歴を語るのは、一揆参加の直前、仏教徒のおうめを巻き添えにするのは忍びないとする仁助に、食ってかかった時が初めてである。

信心深い仏教徒の父は、赤子のおうめが疱瘡《ほうそう》にかかったとき、イチイの木を赤子に似せて彫り上げ、観音様に願をかけた。ところが、事もあろうに、伴天連（神父）衆とキリシタンの若い衆が、観音は邪宗だといって、仏像をうち割って焚き物にした。父は似せて彫らなければよかったと後悔し泣いたという。

まさかデウス様が、観音様を焼き打ちにせろと申されたとは、あたいには思われやせん。（…）父っつぁまの願かけなさいた観音菩薩とマリア様が二人逢われたなら、仲良う、いよいよ優しゅうなられるとあたいは思いやす。

（第七章「神笛」五一七頁）

おうめは、慈悲深い観音様とマリア様との母性的和解を願って、一揆への加勢を決断したのだ。『春の城』第三章「丘の上の樹」で、異教徒に対して抱いてきた「優越感」を恥じている夫・大助に向って、妊娠を自覚したおかよは母性に促され、丘の上の大樟《くすのき》はおうめのようだと告げる。そして、尊いデウス様とは別格の神だという。この発言こそ母性的和解を願うおうめをみごと言い当てていよう。

天と地に感応する、おうめの女仕事

注目に値するのは、かの決断を促し可能にするおうめの暮らしの宇宙観・生命観であり、おうめを物語る石牟礼さんの心根の歴史的実在の重みなのだ。

おうめの女仕事は、想像を絶するほど多岐にわたり、しかも生類の生命に感応するきめ細やかなものだった。陸稲《おかぼ》（野稲）・小麦・粟を石臼で挽く。菜種を搾って油（灯明に、大根葉のいために使われる）とし、絞り粕は瓜を甘くする特上の肥料とする。茶葉を摘み、大釜で炒りあげ、熱いうちに揉む。松吉の男手で叩いてもらった藁で足半《あしなか》草履を編む。葛餅に使われる葛の根や蕨の根掘り、曼珠沙華《まんじゅしゃげ》の球根の毒抜き、腹下しに効くゲンノショウコや胃痛に効くセンブリの薬草摘み、日照りに強いスベリヒユを摘み茹でて味噌であえるような聖草・薬草摘みに始まる「食べごしらえ」の数々、「スベリヒユとアシタバは命綱」といった知恵の数々。

口之津には海の暮らしもある。「磯物採りにかけては、天草育ちのおうめは名人中の名人」と紹介されているように、おうめは天の時を読み、大潮の時には、おかよとすずを磯に連れ出し、牡蠣やタコの採り方を教えた。大酒のみの竹松は、「馬鹿のふりの名人」とされているが、もぐりの名人としておうめと気があった。二人の絶妙なやりとりには、石牟礼文学の一面のユーモアがあふれているけれども、そのユーモアにさえ天と地に感応する宇宙的感性が働いている。学問所の祝いにみごとな伊勢海老を持参した竹松とのやりとり。


竹松「それ、この伊勢海老、披露したからには、茹でておくれやせ。」……

おうめ「本読みの終わったならば、茹でて出そう。」……

竹松「ええい、そんなら前祝いに、辛《から》か方のお茶をば、早う出してくれんかのう。酒も飲み時はずすと、マリア様のご冥加の薄れるぞ。」……

おうめ「あたいの仕込む酒はな、甕の中で、ナマンダブ、ナマンダブちゅうて泡の立つとぞ。お念仏唱えん者には、呑ませません。」

(第五章「菜種雲」三七四―五頁)


茹で時、食べ時、飲み時も「天の時」であり、どぶろくの熟成の時を察知するには念を入れた真心が必要だ。その真心に答えてお酒まで念仏を唱えるとは何というユーモアであることか。

『春の城』第三章「丘の上の樹」にあるように、こうしたおうめの真心こそが、蓬《ふっ》から見事なモグサをこしらえさせ、「ばさばさした」蓬《ふっ》の異変から大凶作の予知を可能にするのだ。おうめは、酒の場合と同じように、モグサを採む時に念仏を唱え、「阿弥陀様のみ心の、お灸のひとつひとつに灯って下さいて、早う治して下さる」と語る。おうめのモグサは使いやすいと評判で近隣の医者が買い求めに来るのだが、医者にかかれぬ者たちに無料で配るのがおうめだった。

一揆を巻き込む宇宙の渦巻き

『苦海浄土』でも、『春の城』でも、ヨモギには「ふつ」とルビがふられている。おそらく、「ふつ」は「払《ふっ》」「祓《ふっ》」に由来し、ヨモギの茎葉を束ねて身体を祓《はら》うアイヌの呪術(1)に通じているであろう。魔を払《はら》うほど神気を帯びた蓬《ふっ》は、英語では「うじ虫《ワーム》の木《ウッド》 worm wood」とされる。「うじ虫《ワーム》 worm」の古い意味は、「蛇」「竜」だと辞典に記されている。

想像するに、イングランド古代のケルト人は、うじ虫のうごめきに、脱皮をくりかえし再生する蛇の生命力、天の陽気と地の陰気とが織りなす生命の渦巻きとしての竜を、さらに木《ウッド》の年輪にも生命の渦巻きを、直感していたのだろう。この古代人の直観力を今なお発揮しているのが石牟礼さんだ。

ヨモギにおけるらせん
（左）開花期の花序
（右）生長過程の株

ケルトの渦巻き模様

第一章「早崎の瀬戸」は、島原半島と天草下島の間に横たわる瀬戸の渦巻きを一揆勃発の象徴としている。「田圃で渦巻くおケラ女《じょ》よりは、うんとおとろしか竜神さま」が海の底にとぐろを巻いて潜んでいる、と告げることから物語は始まる。まるでうじ虫のうごめきが竜の渦巻きに通じているかのようではないか。

この予告を受けて、第三章「丘の上の樹」では、大干ばつの村々を襲う台風の渦が配置され、頭上の嵐を聴きながら、益田四郎は「人はみな、世界の諸相を身に受けて、くるりくるりと反転しておるばかりかもしれませぬ」と語る。

第六章「御影《みえい》」の、一家心中事件も渦を引き起こし、われさえ生きればそれでよしとしてきた隠れキリシタンたちは、「海底の深い渦の中に、足許からぐいとひき咥《くわ》えられる感覚」に襲われる。

こうして、うち続く凶作に追い討ちをかける大干ばつと台風の大きな渦は、裕福な大庄屋をさえ巻きこみ、一揆の渦が巻き起こる。捨て身の百姓たちの中に、ゼウスの軍勢に加わって天国《パライソ》に向かおうとする動きが出始める。四郎はこの渦の中で天の使に祭りあげられ、「聖母」マリアの連禱《れんとう》を唱え狂熱をはらんだ行列の先頭に立たされたのだ。

しかし第八章「狼煙《のろし》」では、妻子を死に追いやり、「自分の中に蝮《まむし》」を飼っていると自覚している常吉に、四郎の親類筋のお里婆様は「あんまりパライゾ、パライゾと願うのも、欲ではなかろうか」と言い残し、自害するのだ。お里に共感した常吉は、天国で救われたいと願うのではなく、ゼウス様のズイソ（最後の審判）を受けることを覚悟する。

それでも、常吉は、「いっそ蛇使いになって、一人一人の中にかがんでおる、あの蝮《まむし》どもに鬨《とき》の声をあげさせ、敵の大軍目がけて（…）とびださせたい」と、ゼウス様の軍勢に加わったのだ。常吉が、その屈折した眼でキリシタンたちの中にかがんでいると見抜いた蝮《まむし》は、天国で救われたいという「欲心」ばかりでなく、異教徒への「優越感」、さらには異教徒をねじ伏せる小さな「権力欲」をさえ示唆しているのかもしれないのである。

同じ捨て身でも、天国ではなく、「もう一つのこの世」を虫けらや蛇のようにまさぐる者がいたのだ。原城に籠城したおうめが、ゴリゴリと石臼を挽く姿は、象徴的ではないか。最後に彼女が渾身の力で塀際から「投げおろした」石臼でさえも、天空に放たれる光の矢と違って、大地を転げ落ちるばかりである（第十章「炎上」）。天国への昇天を大地に引き戻すおうめの石臼の渦こそが、四郎の改心を促す。

天地の軸になろうとする四郎の改心

『春の城』の山場は、最終章の「炎上」ではなく、むしろ前章の四郎の改心であろう。原城を「根城」にしようと決断した四郎は、「三位一体の神ではない、もっと親しい図像から来た菩薩」のような幻影と問答する。その菩薩のような方は、「汝の地上を離るることなく、背後に流るる星座の運行を見よ」と語った。四郎は、この天の妙音を地中に伝える一本の木になり、震える島の台地を踏まえて、天に瞬く昴《すばる》を目にする。石牟礼さんの筆は冴えわたる。

> 自分の足は百姓や漁師たちにくらべて華奢にすぎる。それゆえに大地の震えはわが足もとに微細に伝わってくる。踏みしめて立たねばならない。一本の細い木のごときこの躰《からだ》が、**天と地との均衡を保つ軸**となるのだ。世界はわが足もとから今、回り始めたのだ。
> （第九章「夕光《かげ》の桜」六六四頁。強調は引用者）

か細いながら、天地の軸となって回り始める四郎の木は、おうめの回す石臼のように「地の中《じだ》」に根を張ろうとする。四郎は、第六章「御影」に描かれた、奇跡を起こし「アニマの国」への道を示す天使ではない。このような改心を促し励ましてくれたのがおうめだったのだ。

蓮田家で知り合った頃のおうめを、四郎は「切支丹ではないと名乗りながら、これほど剛毅な優しさが躰《からだ》の隅々まであふれている人間を見たことがない」と思う。また、早崎の渦を渡り原城に向かう途中に立ち寄った蓮田家で、背中を抱きとるように「叩いてくれた」おうめを、四郎は「このひとは自分を天人扱いしないでくれる」と感じている。

おうめの歴史的実在性

字も読めないおうめは、同じく字が読めなかった石牟礼さんの母上と重なり合う。原城落城の寸前、おうめは「百姓は虫けらじゃと言われても悲しむな。鳥けもの、虫けらたちは仏様のお使いぞ」と言ったふた親の言葉を口にし、「天地の間の一人子」だったが、蓮田家に拾われて幸福だったと申し述べる。仁助は、その姿に観音様を見る。

この世において、はかり難く巨《おお》きなものと、ごくごく小さなものは**等格**であり、ともに畏れ敬うべきであると彼女は言っているのだ。キリシト様の教えらるるへりくだりの心を、

さらに深めて生きて来た百姓女が静かな威厳にみちてここにいる。
（第十章「炎上」七四一頁。強調は引用者）

こうした描写を支えているものは何か。盲目の狂った母親を加勢し続けた母上、天草の字の読めない隠れキリシタンだった（らしい）母上から、石牟礼さんが受け取った心根であると思われる。この心根に依拠して描かれたおうめは、単なる文学的虚構の産物などではなく、歴史的実在性を帯びた存在であることは疑う余地がない。おうめは、あの大事件の後、さらに水俣事件を経て、今日の毒死列島の最底辺に悶えて生き続ける歴史的形象でもあるのだ。

『食べごしらえ　おままごと』（『石牟礼道子全集 不知火 第一〇巻』）に描かれた石牟礼さんの母上は、女仕事を網羅し、天草・島原の土着文化を根底から支えてきたおうめの原型に相違ない。膨大な蓬《ふつ》は茹で干して備蓄され、歳時記風の行事の折々に近隣に配られる蓬《ふつ》団子や蓬《ふつ》餅に代表される食べごしらえの数々が、「くさぐさの祭り」として描かれた。麦踏みに歌う即興詩では、「小麦もあんこも鼠も同格になって歌われた」という。

天・地・人を一貫する実学思想

おうめは、自らを天地の軸となって廻る「天地の間の一人子」（「炎上」七三八頁）だと言い切った。この言葉をそのまま受け継いだような「天・地・人一貫」を主張する思想家が存在した。天草・島原の大事件をじっと見つめ、この事件を処理した幕府を根底から批判し、日本の風土に根ざす大道を模索する実学思想家の熊沢蕃山（一六一九―九一）である。

そもそも農兵だった武士を城下に集めてサラリーマンとすることは、彼らの天地の軸を奪うことだと批判した。松倉藩の暴挙の遠因となった参勤交代も、故郷の大地から藩主やその子女を引き離し江戸詰めのサラリーマンとし、軸を失った空回りの治政しか生み出さない。このような軸を欠いた徳川幕藩体制は、宇宙《ユニヴァース》を支配する全能の神という強烈な軸を持っているように見えるキリスト教に席巻されるだろうと警告した。天地の軸を失わないよう、蕃山は、常に、おうめのように人情の機微、天地《コスモス》の陰陽の機微に敏感であろうとした。

養蚕の時節には陽を感じてやってくる鶯《うぐいす》に感応し、麻の時節に陰を感じて鳴く百舌《もず》に感応する。こうして、君子は天を手本として、何事も時に先立って手助けするものなのである。(2)

「国の本は民」という建前に居直り、民を手なずけることしか目標としなかった幕府を根底から脅かす蕃山の「天・地・人一貫の実学思想(3)」は、おうめのような母性に裏づけられてこそ、「もう一つのこの世」のために加勢する仁政への大道を切り開くだろう。おうめの身悶えの渦に感応することのできない武士や町人の奢りが、父権的なキリスト教の支配を呼び込むだろうという蕃山の警告は、黒船来航以後の日本の近代化の父権的な本性を予知していたのだ。母なる大地を農薬や化学肥料でねじ伏せ不知火海を毒で汚したチッソの文化そのものを抉り出した『苦海浄土』とともに、母なる大地と母なる海に生きる民草をねじ伏せようとする江戸の文化そのものの根っこを抉り出した『春の城』は、蕃山の実学思想と共鳴し、既に江戸以前に始まる近代化それ自体を射当てているのである。

注

（1）アイヌ文化では、蓬《ノヤ》は聖草の筆頭であり、咳止め・虫下し・止血・モグサ等々として活用されていた。悪夢を見た時などに、蓬の茎葉を束ねて身を祓《はら》い清めることを、アイヌ語では「キク」という。知里真志保《ちりましほ》『知里真志保著作集 別巻Ⅰ　分類アイヌ語辞典　植物編・動物編』（平凡社、一九八一年、三―五頁）を参照されたい。

（2）熊沢蕃山『集義和書』巻十六『日本思想大系30』岩波書店、三四八頁。

（3）拙論「熊沢蕃山と後藤新平」の第一～三回（『後藤新平の会 会報』第一四、一五、一六号）を参照されたい。（鈴木一策『熊沢蕃山と後藤新平』藤原書店、二〇二三年所収、第一章）

〈コラム〉はにかみと悶えが、近代の闇を照らし出す

煮染の連想

つい最近、母が九十二歳で永眠した。その通夜、私は母の手料理を偲びながら、煮染《にしめ》を大なべで拵え、妹や妻もそれぞれに何品か拵え、弔問客の接待をした。お寿司など取らず、すべて手料理だった。母の急死に動転しながらのお接待のさなか、特別な日には大なべで煮染を桁外れにたくさん拵え、「羞《はに》かみ笑い」をして客をもてなす石牟礼道子さんの母上のことが思い浮かぶ。食をめぐる短編小説集ともいうべき『食べごしらえ おままごと』(『石牟礼道子全集 不知火 第一〇巻』。以下『全集10』)の「くさぐさの祭」の一節である。

『苦海浄土』で水俣病の悲惨を描き、患者認定を迫る運動に身を投じた作家、といった程度の認識しかなかった。そんな私に、藤原社長は『石牟礼道子全集』の編集に参加するよう声をかけて下さった。おそるおそる編集会議に出席し、主要作品とエッセイを読み進めるうちに、切ないほどに優しく、慎みに浸された石牟礼文学の奥ゆかしさに深い感動を覚え、社長への感謝の念がいや増すようになった。先の煮染の連想は、母上についてのエッ

セイ「一本橋」（『全集15』）に衝撃を受けてのことだったと、今にして気づく。

石牟礼さんの母上と父上

石牟礼さんの母上は、小学校に行かなかったので字がほとんど読めず、夜明けまで仕事をしている娘に、書けるものなら書いて加勢したいと悶《もだ》える人だった。不登校の理由を娘に問われ、瘡《かさ》のできている少年が一本橋で待っていて、カバンを持ってやろうと言って断りきれず……学校に行かなくなったと答える。その時の悶え方に、私は心底感銘を受け、その深い印象は忘れがたい。「よっぽど言いにくいことに触れてしまったというように、深い吐息をつき、しばらく打ちしおれていた」という。その訳を八〇年間誰にも語れず、少年のことを口にした時には「はっとうなだれて、声は消え入らんばかりだった」というのである。

父上についてのエッセイ「切腹いたしやす」（『全集4』）にも、痛撃を食らう。昭和六年、水俣のチッソ工場に天皇の行幸があり、町内の「挙動不審者・精神異常者」は対岸の無人島に隔離されることになった。石牟礼さんの祖母は、盲目の狂女であったが、父上にとっては義理の母だ。サーベルを下げてやってきた警察署長に、この並外れて哀れな親様を縄で縛って島送りするなど子として申し訳ない。「たったいまここで切腹いたしやす」と、サーベルを摑みにじり寄ったという。『食べごしらえ　おままごと』に描かれた折り目正しい凛とした父上の姿は、優しい思いやりなしにはありえない。歳時記風の行事を重んじ、ヨモギを中心に野の草を大切に扱って家族らに食べさせ、「食べ物をなんでも店で買おうというのは堕落のはじまりじゃ」という人であった。あの母上はといえば、麦踏の時、まるで即興詩人のように「ほら、この小麦女《じょ》は、団子になってもらうとぞ、やれ踏めやれ踏め、団子になってもらうとぞ」と唄い、幼い娘と畑で踊ったという。団子の食べごしらえは、このようなほほえましい麦踏を含むものだったのだ。

蚊遣りと手当ての文化

盲目の祖母「おもかさま」とみっちん（幼いころの石牟礼さん）との魂の入れ替わりから始まる『あやとりの記』（『全集7』）が、唄にあふれ、声明や御詠歌とともに、猫貝や蟹や狸たち、一切の生命の悶えの声音《こわね》が織りなす一大シンフォニーとなって結実している根源には、母上の唄があったであろう。麦を踏みながら「団子になってもらうとぞ」と唄う母上の心根と通じ合うかのように、父上もヨモギを「蚊遣《かや》り」として使い、牛小屋にまで差し入れたという。蚊を害虫として殲滅しようとする近代化の「蚊取り」と程遠い文化があったのだ。お灸のモグサはヨモギからできる。だから、「蚊遣り」の文化は、お灸の文化でもあった。実際、石牟礼さんの母上はお灸の跡だらけだったという。高度経済成長以前の日本には、按摩や指圧などの「手当て」をお灸とともにやりっこする人々が確実に存在した。

はにかみと悶えの文学

塩田を臨海工業地帯に変貌させ、化学製品とともに大量の農薬を生産し、農薬まみれ添加物だらけの加工食品を生み出した近代化は、水俣病のみならず若者の四人に一人のアトピー、ガン等々を量産し続ける。「手当て」をやめた人々は、アトピーを劇薬ステロイドでねじ伏せようとして却って悪化させるようなむごたらしい医療の餌食となった。石牟礼さんは、そのむごたらしさを告発するのではなく、控えめな「蚊遣り」の仕草を描くことによって、そっと照らし出す。近代化に呑み込まれながら悶えている民草とともに悶え、はにかみながら近代の闇を照らし出す。石牟礼文学の奥ゆかしさをしみじみと感ずる編集作業に、私は至福の時を過ごすことができたのだった。

第3章　天地の神気に感応する石牟礼文学の根

――『食べごしらえ　おままごと』に寄せて――

野生のウドに「山の精」を感じる感性

既製品に過剰に依存する現代の食生活は、「食べごしらえ」とは程遠い。石牟礼さんの珠玉の短編集『食べごしらえ　おままごと』(『石牟礼道子全集 不知火 第一〇巻』。以下『全集 10』)に、私は唸らされた。そこに描かれ物語られた食べごしらえの世界は、たとえば柳田國男や宮本常一らの男の民俗学者がついぞ描いたことのない世界、島木健作の『生活の探求』はそれなりの名作だが、そうした民衆の生活を描いた気になった作家さえ想像だにできぬ世界である。そこには、石牟礼「文学」の隠れて見えない根が張り巡らされていた。大宇宙の渦・天地の神気に触れる男と女の営み、陰暦に沿った農作業や行事と密着した、祭りめいていて華やかでもあり憂愁を伴ってもいる営みに驚かされた。石牟礼さんの書き物は、御詠歌やら説教節やら麦踏歌といった神謡めいたものにあふれ、「文学」という言葉がしっくりこない。それでも敢えて「文学」と呼ぶとしたら、天地の神気に触れ感応する文学が石牟礼文学といわざるをえない。その文学の根を、この作品の父と母の食べごしらえのあり方に見出すことができる。

グルメなどといった消費文化に絡めとられたセンスには、単に珍しい食材にしか見えない山独活《うど》も、石牟礼さんの手にかかると神気に満ちた「山の神さんが化けた」生き物になってしまう。ごわごわとした茶色の毛が密生している独活について、「茎のすべてはたけだけしいほどな緑色で、枝先の芽という芽が肉太である。」「山野の精気を、根にも茎にも芽の先にもぎっしり詰めながら育って、勢いあまり、たわわな形にそれぞれの枝が反っている」と活写する。だから、その食べごしらえは、山の精気に挑まれたように、「荒事の神事でもやっている」(「山の精」『全集10』所収。以下、別途記していないものは同巻所収エッセイ)ようなものになるのである。食べごしらえが神事というのは、大げさな形容ではない。このような感性はどこから来たのか。父と母から伝授された食べごしらえは、まさに神事だった。

悶え神の原型としての父

石工《いしく》の父・白石亀太郎は、人並みはずれた剛直さと情の深さとを併せ持ち、近代都市へ出奔し教育を受けた男たちが失った気位を貫き通した。廃材を使って家を造る、食べごしらえや繕いもの、洗濯にまで手を出して工夫を凝らす。それどころか、歳時記風の行事をきちんと行って、端切れをあてがい雛人形までこしらえる繊細な人であった。その父から石牟礼さんは包丁の研ぎ方を教わり、海辺の人しか食することのできない塩を振っていない「ぶえん〔無塩〕」の鯖《さば》のすしの手ほどきを受けた。「三枚に下ろしたとき、身の割れない平鯖」でなくてはいけない、この時の振り塩は生臭みをよりよく抜くために「必ず焼かなくてはいけない」と注意した。非常にひらめきのある人で、鯖を酢と昆布でしめる時間に神経細やかであった（「ぶえんずし」）。

その心使いは、牛にまで及ぶ。燃やすとくすぶるヨモギの生葉を牛小屋に差し入れ「蚊遣り」（蚊取りではない）とする。ヨモギを始め、野の草を大切に扱って、家族に食べさせた。「それはほとんど儀式だった」という。「神仏の配慮を心得ぬ人間がふえているのはまことに情けない、食べ物をなんでも店で買おうというのは堕落の始まりじゃ」と常に語っていた（「つみ草」）。

正月に、貧乏のため干からびたわずかの数の子しか出すことができなくとも、「羽織袴で威儀をただし」「貧しいということは、人間的プライドの底点に立つ、ということを子どもに教えた」（「手の歳月」）。石牟礼さんの傑作『あやとりの記』に登場する、火葬場の岩殿《いわどん》や心優しい男たちの背後には、父の姿がすいて見える。ただ、石牟礼さんの書き物には意外なくらい硬質で哲学的な物言いがあって、その裏には根本から物事を考え工夫する父の体質が影響しているように思えてならない。石牟礼さんの祖母「おもかさま」は盲目の狂女であるが、この姑に対し無限抱擁ともいうべき接し方を示した父亀太郎は、多くは老女を意味した土地言葉の「悶え神」のような存在に見える。「空しい無数の、徒労の体験……の遺産を引き継いでいるということを、無自覚なままでに深く知っているゆえ、せめて、悶えてなりと加勢する無力な神」(「自我と神との間」『全集 9』)という哲学的な文章は、父をイメージしているように感じられるのだ。

即興詩人の母の手仕事

母、旧姓吉田はるのは、あるきっかけから小学校に行かず読み書きがほとんどできなかったが、即興詩人であった。その食べごしらえは、近代の料理という概念をほぼ打ち砕く。餅や団子をこしらえることが、麦の種まき、田植えから始まる。「自分で植えて刈り上げた米、自分で播きつけ皆さんに仕納《しのう》してもらった麦を、ごりごりと石臼でひいていた。莢《さや》をたたいて幾日も干しあげた空豆や小豆を餡《あん》に漉《こ》して練りあげて、餅や団子をつくりあげ、いそいそと大山盛りの重箱二段ずつ、よそさまに配り歩く」(「梅雨のあいまに」)。味噌造りも半端ではない。大豆がうまく育たない土地柄、空豆・青えんどう・赤えんどうをとりまぜ、臼でついて皮をとり、茹で上げ、米麦の麹《こうじ》と一緒に塩をまぜあわせて大甕《おおがめ》に寝かしこむ。三年味噌からは、「それはじつにとろとろと美しい上澄み液」（「味噌豆」）つまり極上の醤油が出来上がる。毎年八〇キロの梅干を漬けている私の経験から分かるが、このような三年ものは、塩がなじんでおいしく、ひとさまにおすそ分けしないではいられない。

三月の節句の草餅には、五月の節句、田植えにも備えて、たいそう張り切り、幾日も前からヨモギを茹で上げ、大きく丸めて、四十も五十も、ひさしの上などに干し並べる。「餅も団子も二斗ぐらい作らんば、人にさしあげようもなか」（「草餅」）と語ったという。お陽《ひ》さまの下に干すことには、茹でて灰汁《あく》を抜くことが伴う。「春の野の光の中で、ぜんまいや独活をさがし歩いて摘むのから始まって、指先を茶色に染めながら灰汁抜きし、干しあげ、戻し、」「深みのある味にしあげて」「食膳にのせるまで、どんなに手間がかかることか」（「灰汁の加減」）。寒天も、「自分で採りにいったテングサを幾日も水に晒《さら》して脱色を重ね、干しあげた物を使う」「正月には必ず、テングサの地の色をそのまま出したものと紅をつけたもの、二色を練っていた」「地の色といっても白ではない。深海の色のような、黒翡翠《ひすい》とでもいえる深緑である。それが淡く透きとおって、気品のある出来上がりだった」（「手の歳月」）。石牟礼さんの色調への感度は、明らかに母譲りであった。『あやとりの記』はもちろん、『おえん遊行』『天湖』の通奏低音ともいうべき歌の調べの数々も、母譲りであった。団子の食べごしらえに麦踏みがあるが、母上は幼い道子さんに、「唄語りするように、噺《はなし》かける」。

「ほら、この小麦女《じょ》は、団子になってもらうとぞ、やれ踏めやれ踏め、団子になってもらうとぞ」「幼いわたしはそっくり口真似して、二人は畑で踊っていた」「若き母は天女のようにあどけない。小豆や夏豆の時期にはこう嘶た」「ほらこの豆は、団子のあんこになってもらうとぞ、鼠女《じょ》どもにやるまいぞ」。即興詩人とは、よく言ったものだ。「小麦も鼠も人間も、団子もあんこも同格になって、母のささやき語に出てくるのだった」(「草餅」)。

神事としてのおもてなし

石牟礼さんにとって「神格」とは、衆生を救う「仏性」とか、人間の原罪を一身に背負って十字架に架けられたイエスの「人類愛」とか、マルクス主義の無産階級の解放「思想」などとは無縁である。それは、ひたすら「無力なだけの存在であるという含み」(「自我と神との間」)なのだ。小麦も豆も鼠も同格にしてしまう母上は、天真爛漫であるとともに、陰性の「鬼《き》」に怖れおののく人でもあった。人里からさほど遠くない山のとっかかりのこんもりとしたところに、鬼の岩神さんが苔をゆらゆらさせ、赤い蔦《つた》を巻きつけ、白い油徳利を下げて立っている姿におののくのであった。そのあたりに、みんみん滝があって、継母《ままはは》に育てられ身投げしたおみよが、釜を洗いながら底のこげ飯を「つわんこの葉っぱ」にすくって食していた。この子が身投げしたとき、人々は滝の上に散っている大銀杏を見て、「死なしたおっ母さん」が「よかところにゆこちゅうて、手ぇひいて、飛ばしたばいなあ」と話し合った。母上は、銀杏の実を干す頃になると、油徳利の話の後で、「みんみん蝉は、男の樹……おなごの樹にすがってはみんみん泣き、泣き死すとち。それで銀杏の実は、おみよの泣き土産げなぁち」とつけ加えたという（「油徳利」）。救ってくださる神様を拝み倒す卑しさが微塵もない母上には、身投げさえそそのかす「鬼」への深いおののきがあったのだ。

石牟礼さんの母方の祖父は、五キロほど離れた新屋敷《あらやしき》という集落付近の段々畑の石組みの美しさに惚れ、村々にお願いして古い技量を受け継いだ人々に役を振りあて、崖道の難工事を成功させた。「鬼」のしわざとも思える家の没落に際し、信義に厚い村人たちは、見るに見かね、祝い事・お祭り・運動会などに、必要な品々を「行商」してくださるようにと丁重にお願いしに来たという。「はるのさんにお願いしてとり集めて、持って来て頂くわけにはゆかぬじゃろうかと、……井戸のそばまで下りて、皆して待っとりますで」という腰の低い物言いは、哀れみとか謙虚といった通俗道徳をすっ飛ばした「鬼」へのおののきとしか評しえない。せめてものご恩返しにと、女の手でも曳くことのできるリヤカーまで差しだす念の入れように、祖父も「はるの」も言葉もなく手をついて落涙した。「祭りのくさぐさ」「寒天・蒟蒻《こんにゃく》・かまぼこ類・竹輪・花麩《ふ》・湯葉・昆布」等々を、水俣の町の店々が快く卸してくれて、「母の臨時の定期行商」が始まった（「水辺」）。

春秋の彼岸・三月の節句・八幡さまの祭・五月の節句・田植え・稲刈・麦蒔き・麦仕納《し》・川祭・七夕・八朔《はっさく》・山の神さまの祭・十五夜・月々の二十三夜待ち等々の年中行事のたびに、こしらえる「桁外れ」にたくさんのお煮染《にしめ》。干し大根・人参・牛蒡《ごぼう》・里芋・蓮根・干しつわ蕗《ぶき》・干し蕨《わらび》・干し筍《たけのこ》・干し芋がら・椎茸・揚げ・高野豆腐からなる母上の煮染は「くさぐさのお祭り」であり、食べごしらえはまさに神事だった（「くさぐさの祭」）。田植えが済んだ祝いを「さなぶり」というそうだ。「さ」は、「早乙女《さおとめ》」「五月雨《さみだれ》」の「さ」であり稲の神気を意味する。普段の食べ物が慎ましかった時代、ぬかるむ泥に両足を引っ張られる重労働で格段に腹の減った方々へのおもてなしは並大抵のものではなかった。「わが家のさなぶりでは、高浜焼の青絵の中皿に、尾頭《おかしら》つきの枕魚《まくらいお》を向こうに乗せ、手前には色どりよく、くさぐさの野菜を煮染めたものを並べた。七十人前くらいいつも作った」「さなぶりは酒盛りになるので、揚げ物など肴《さかな》になるものをたくさん用意した。お赤飯は二斗ばかり蒸した」（「さなぶり」）。

神気をよく移す芸能

こうした、神事につきものなのが、芸能である。さなぶりでは、「歌やらかけ声やら猥談やらが、太鼓三味線を鳴らすようなぐあいにどんどん賑わって、部落中に聞こえはじめる」（「さなぶり」）。石牟礼さんの「鬼女ひとりいて」というエッセイ（『全集 10』）には、彼岸花を見ると気が触れて「高漂浪《ざれき》する」自分の癖がユーモアたっぷりに描かれているが、「うたというものの最初の発声が、花のひろがるあたりからはじまっていて」「色の調べというものにはじめて接したという気がいつもする」というのだ。花に色の調べを聴いてしまう石牟礼さんは、黒い烏帽子《えぼし》をかぶり、裃《かみしも》をつけた獅子舞の「三番叟《さんばそう》」（「獅子舞」）に、「異界から来た人」を感じるのであり、あの新屋敷の村の人々の表情に「上手に灰汁を加減したような、中世あたりの能面」（「灰汁の加減」）を思う。『天湖』（『全集12』）には、村人たちの歩みが能の「すり足」を思わせる場面があるが、石牟礼さんが新作能をすんなりとこしらえてしまう機縁は、まさに色の調べを聴き分ける「鬼女」の感応・官能であったことに気づく。

「鬼神」の神気への感応なくして、石牟礼「文学」はなく、能の「創作」もありえない。永六輔氏との「解説対談」で、石牟礼さんは、「お裁縫するのも、繕いも、お能を書いたりするのも」「人間苦を、もう一つのお芝居のように演じなおす」ことだと語っている。食べごしらえも一種のお芝居であり、ままごとであったのだ。人間苦とは「鬼」の陰の世界である。その闇の底から聞こえてくる神気に満ちた調べに、母譲りの唄を添えることが、能であり、『あやとりの記』に代表される作品群であった。近代化が覆ってしまった深い陰の闇に感応する「文学」こそ、「陽《ひ》いさま」の陽の気に抱かれたものたちの生気あふれるざわめきを、鮮やかに掬い取ることができるのではないか。

第Ⅲ部

石牟礼道子との最晩年の対話

『苦海浄土』から『春の城』へ

（聞き手）鈴木一策

（司会）編集長・藤原良雄

（日時）二〇一七年一月二七―二九日
（場所）熊本市　ユートピア熊本

――石牟礼さんがこれまでお書きになられてきたもので、水俣病以前の歴史的事実を扱った作品に『西南役伝説』がありましたが、本としては『苦海浄土』(第一部)が一九六九年の一月に出版された。そして一九九九年に『春の城』が『アニマの鳥』というタイトルで本になった。石牟礼さんの作品の中で大きなものとしては、『苦海浄土』が最初で、最後が『春の城』ということになると思います。

それでは、『苦海浄土』と『春の城』はどういう関係があるのか。石牟礼さんにとっては、一九六九年から九九年の三十年、その前後を入れるとほぼ半世紀のあいだ、ずっと温めてきたテーマです。同じテーマ、同じ問題です。それを四百年前に遡って、天草・島原の乱というのは、けっしてキリシタン弾圧だけの話ではない。「水俣事件」も同じだということを、この天草・島原の乱という事件を描くことで、きちんと連関をつけようとしたけれど、なかなか読み手には伝わらない。『苦海浄土』、『春の城』、両方とも読み取れない。つまり、石牟礼道子は何をやろうとした人なのか。水俣病を世に小説として問うた女性ということは間違いないだろうが。それで、石牟礼道子はどういう歩みをされて生きてきたのかを、流れの中で出さないとわからないなという思いで、『石牟礼道子全集』を発刊することにしました。

二〇一四年に全集が完結し、この十有余年、石牟礼道子を批評する人はだいぶ出てきたけれども、石牟礼道子の内奥に迫るというか、コスモスに迫る人はこれからです。今回、石牟礼さんの卒寿(九十歳)のお祝いも兼ねて、石牟礼道子のコスモスとは何か、に迫りたいと考えています。

今日ここに居る鈴木一策氏が『春の城』を再読、三読し、これはすごい本だと言ってきたので、実現しました。それでは、鈴木さんから口火を切って下さい。

鈴　木　『春の城』はすごい作品です。僕は四回読みました。

石牟礼　うれしいですね。生まれてきた甲斐があった。

――はっきり言って、あの『アニマの鳥』が出版された時には、まともな批評はなく無視された。それは、この本がどういうコンテキスト（文脈）の中で書かれたのかわからなかったからだと思います。

鈴　木　石牟礼さんの『春の城』で、僕はまずキリスト教徒である天草四郎が、「月のマリア」と言うのはすごいと思った。「月のマリア」です。太陽暦を用いるキリスト教では「月のマリア」と言わないんです。お月様を愛でる文化をもつ日本人だから言えるんです。そして、おかよさんの洗礼名が「マグダレナ」、つまり「マグダラのマリア」でしょう、それから僕が驚いたのは、洗礼を「お水受け」という。カソリックの人たちの役を全部変えていると思いました。あれが日本です。すばらしいです。

石牟礼　よく読み解いてくださいました。ありがたいです。

――鈴木さんはこれまで、シェイクスピアの『ハムレット』を通じてマルクスを批判的に読み解くことで、西欧近代とは異なるあり方を求め続けてきました。

彼が読むと、石牟礼道子の仕事は、シェイクスピアに匹敵するものだと。シェイクスピアはケルトだと。ケルトというか、世界の古層から見ると、今の国民国家はたかだか二百年の歴史だけれど、それ以前にケルト文化は東の方までいっている。シェイクスピアより四百年後に石牟礼道子は生まれたけれども、やろうとしていることはほとんど重なるのではないか。そういうことを彼は言いはじめた。それで今回、石牟礼さんをお訪ねして、そのあたりを石牟礼さんにぶつけながら、石牟礼さんご自身が感じられたことをお話していただけたらと思いました。

石牟礼文学における「ヨモギ」

鈴　木　変なことをお尋ねしますが、『苦海浄土』の中に、市役所の職員で「蓬氏《ふつ》」という方がいるでしょう。あの方はなぜ「蓬氏」と言われているのでしょうか。

石牟礼　私が勝手につけたんです。

鈴　木　石牟礼さんはヨモギのことを「ふつ」と仰言っていますね。イギリスではヨモギのことを「ワームウッド wormwood」、蛆虫の草と言います。ところが、シェイクスピアの『ハムレット』がすばらしいのは、その蛆虫のことを「蛆虫女神 Lady Worm」と言っているんです。これにはとても深い歴史的な意味があります。また、ヨモギの学名はアルテミシアです。つまり「月の女神」です。これは『春の城』で天草四郎が口にする「月のマリア」とつながってくると思います。

『春の城』の中に、蓮田仁助の奥さんおかよさんの子守りだったおうめさんという女性が

＊(1) ケルト人は、ローマ帝国出現以前の地中海と北海の沿岸地域を除くヨーロッパの広範囲を支配していたが、紀元後になってブルターニュ・ウェールズ・スコットランド・アイルランドに追い詰められた。カエサルの『ガリア戦記』は、ケルト征服の記録である（以下、＊は鈴木鈴美香記。その他は鈴木一策による）。

出てきます。あの人はモグサの作り方がものすごく上手だと書いてありますね。ヨモギというのは月の文化です。お灸のモグサにもします。僕は十六世紀のイングランドで書かれた『ハムレット』を読んでいて、まさかヨモギが出てくるとは思わなかった。それからシェイクスピアの有名な『ロミオとジュリエット』、ジュリエットの乳母が乳離れをしないというのでヨモギの汁を乳房に塗って飲ませているんです。そのくらいシェイクスピアにとって、ヨモギというのは生活そのものと密着していた。ところが、普通はそんなふうに『ハムレット』を見ずに、近代的な眼でもって読んでしまうから見落とされています。
石牟礼さんはケルト文化というのはご存知でしょうか。

石牟礼　知りません。

鈴　木　それでは、「庭の千草」[2]という歌をご存知ですか。日本でも有名な歌ですが、あれはアイルランド音楽で、ケルト文化なんです。『ハムレット』が上演されていた当時の舞台では、おそらくそういう音楽が流れていたと思います。
　石牟礼さんの作品で『常世《とこよ》の樹』がありますね。それと同じように、ケルトにおいても樹木は崇高な神とされています。そして「五月の柱 Maypole 祭」[3]で木の神様をお祭りするんです。日本の諏訪地方でも御柱祭をやりますね。それと同じ祭がシェイクスピアの生まれたところにもありました。みんなで行列をつくって、森へ木を伐りだしに行き、柱にして立てて、その周りで男も女も、ホビーホースという張り子の馬を腰に結わえた姿で、モリスダンスという踊りを踊るんです。このケルトにとって大切な祭りである「五月の柱」祭をエリザベス女王は弾圧してしまいます。そういう時代背景があって、シェイクスピアは『ハムレット』の中で、「ホビーホースも悲しいな、悲しいな、ホビーホースも忘れ去られてしまった」というセリフを主人公のハムレットに託し、当時イングランドで勢いを増してゆく西欧近代に圧殺されかけていたケルト文化を描こうとしたのだと私は捉えています。そしてケルトの森の文化というのは、木だけではなく、草花から石からすべてに神性を見出すものでした。草花の中で大事なものとしてヨモギがあるということをハムレットが言っているんです。

私は長年、『ハムレット』を読んできましたが、それが石牟礼さんの作品を読むとつなが

＊（2）**「庭の千草」** アイルランド民謡。「蛍の光」とともに日本でも長く愛されてきた唱歌。明治十七年、文部省取調掛が編纂した『小学唱歌集 第三編』に所収。米英音楽が禁止された戦時下においても日本化されているとして禁止を免れた。

＊（3）**五月の柱祭** 「ヨーロッパにおける民衆的な春の祭り。五月柱祭は古い時代の樹木崇拝に由来する。当時、人々は樹木の霊魂が雨と太陽の光をもたらし、農作物を生育させ、家畜をふやすと信じていた。このため、彼らは春になってよみがえった樹木の霊魂の恩恵にあやかろうとして、五月一日に〈五月の樹〉や〈五月の柱〉を立て、五月祭を祝った。この習慣はイギリス、フランス、ドイツなどヨーロッパ各地で最近まで残り、所によっては今日まで続いている」（『世界大百科事典』参照）。

るんですね。石牟礼さんの言う「悶え神」がハムレットです。そういうことを『春の城』を読んでいて感じます。石牟礼さんのお母さんが「蓬餅《ふつもち》」のために、ヨモギをいっぱい茹でで干す場面、これだと思ったんです。

石牟礼　それはお月さんの晩です。

鈴　木　日本ではお月様がものすごく大事で、十六夜《いざよい》なんてすごいですね、十五夜より少し遅れて出てくる月を、月が出てくるのをためらう、猶予《いざよ》うとして月の出を待ち望む人々の心情を表しています。石牟礼さんの作品にも『十六夜橋』がありますね。そういう文化です。そして石牟礼さんのお父様が大好きな無塩《ぶえん》寿司が登場する『食べごしらえ おままごと』。お父様の料理の塩の焼き方から全部書いてあります。この『春の城』にもたくさん書いてあります。本当にこれは料理の本でもあるんです。そういう自然とつながった人々の暮らしがあって、どうして天草の事件が起こったのかがわかります。そういうことを描いておられると思いました。

――〝水俣病〟の石牟礼道子さんということでは、お困りではないか、ということですが。

石牟礼　はい。

鈴　木　アイヌの方で知里真志保という人がいます。そのお姉さんの知里幸恵さんのことを、石牟礼さんは書いておられますね。(4)知里真志保の二番目の奥さんとの間にできた子が、北海道で私の同級生でした。僕は知里君がアイヌだというのは知らなかったのですが、知里君と殴り合いをした。私が優等生だったから殴られたんです。それで大学生になって、知里真志保という人を知りました。アイヌ語の辞典を書いています。その中で植物のことを書いている。そうしたら、石牟礼さんが書いているヨモギの話と同じことをアイヌの方々もやっていて、ヨモギが一番大事な草であることを最近発見しました。(5)

それでどうして水俣ではヨモギのことを「**ふつ**」と言うのか。アイヌ語でヨモギのことを

---

*(4) **知里幸恵**(一九〇三—二二) 言語学者 知里真志保の姉。アイヌカムイユカラの謡い手であった叔母や祖母の下で育つ。十九年という短い生涯の中で、アイヌで初めてアイヌの物語を文字化した『アイヌ神謡集』を記す。

幸恵が和訳したシマフクロウの神が自ら歌った謡「銀の滴降る降るまわりに/金の滴降る降るまわりに」(『アイヌ神謡集』)に共感した石牟礼氏はエッセイ「津軽考(二)」で「わたしの潜在テーマのひとつは、日本の民衆の中にある地下水脈のような宗教心である。……日本列島の最南端……に住む人々と、アイヌの人びとの神に対する心ばえの真摯さが、非常に近いものであることをこのごろ痛感するようになった」と語っている(『石牟礼道子全集 不知火 第一〇巻』四七九頁)。

*(5)「この様に、この植物は、アイヌの信仰上特別の意義を有し、アイヌはそれに特別の霊能(除魔力)を認めているので、それを食用にするのには、単に口腹の慾を満足させるためだけのものではなく、それを體内に摂取することによって病魔を遠ざけ、心身を健康に幸福に保ち得るという信仰に基づくものであることがわかる」(知里真志保『知里真志保著作集 別巻1』、「エゾヨモギ」の項目、四頁)。

「ヤヤンノヤ yayan-noya」、「揉み草」と言いますけれど、その中でも一番大事な動作で、身体を「**打つ**」というのがあります。ヨモギを束ねて「**打つ**」んです。そうやって魔物を「**払う**」んです。だからもしかして、水俣で「ふつ」と言っているのは、「打ち払う」とか「打ち水」とか、そういうことと関係のある言葉ではないかと思うようになったんです。そうしたらいろいろと繋がってきて、沖縄の「**フーチ**バ」も「**フウチー**」も、竹富島の「**プツ**」も、みんなそういう感じがするんです。[6] 石牟礼さんの作品にはたくさん植物の名前が出てきます。だけど、ヨモギは独特ですね、大事ですね。

石牟礼　はい。一年中とっておきます。

鈴　木　それから私は自分でやりますけれど、お灸をするんです。モグサです。この文化が大事だと思っています。石牟礼さんのお母様もたくさんお灸の痕があったのですね。『食べごしらえ おままごと』の中の「つみ草」では、胸の具合の悪かったお母様が、温めた石の上にヨモギを置いて、胸に当てている場面が描かれています。アイヌの文化と、石牟礼さんが描いておられる文化、そして『ハムレット』におけるケルト文化、「ヨモギ」を通して世界を見てみると、そこにはひそかにつながり合うものがある、そういうことがわかってきたんです。それは、いわゆるローマの文化ではないんです。

ローマというのは、ローマ帝国が滅亡したからなくなったのではなくて、たとえば水俣にチッソの工場ができたことや、コンクリートやアスファルトの文化、それから高速道路やオリンピック・スタジアムを造るという発想が、ローマなんです。だから私たちはそういった意味でローマの文化を受け継いでいるんです。

石牟礼　父はとても軽蔑している。

鈴　木　石工の文化とは正反対なんです。今は川の岸辺も全部、隅から隅までコンクリートで埋め尽くしてしまうでしょう。護岸を石積みにすれば、川も呼吸ができる。大雨が来て川の水が増水したって、積んだ石のすき間から岸辺の土へと水の逃げ道がある。それに景観上も石の方がきれいだし、頑丈です。積み石は揺れれば揺れるほど、よく締まると言われています。それが石牟礼さんのお父様の仕事だったはずです。『食べごしらえ　おままごと』は、そういう石工のお父様が作る料理の話です。すごく面白い。大きい魚をさばくとか、男は男の食べごしらえがあるんです。女の人は女の人であるんです。そういうのを「食べごしらえ」と言っているんです。私は石牟礼さんの『食べごしらえ　おままごと』は世界的な、ケルト的な文学作品であると思っています。そして石牟礼さんは「ユニバーサル」でなくて、「コスミック（コスモス）」です。宇宙と全部つながっています。

＊（6）鈴木一策「ヨモギ文化をめぐる旅――『ハムレット』から『苦海浄土』へ」（本書第Ⅰ部）参照。

――これをコスモスとして、ルビを振ったんです。宇宙として、コスモスと。

鈴　木　『日本書紀』も天地《あめつち》、天と地です。『苦海浄土』に出てくる私の大好きな言葉で「天のくれらす魚《いお》」がありますが、私たちは「いただく」んです。獲ってやるという発想ではないんです。作品では、「天の魚」の後に「地の魚」が出てくる。あの対比はすごく大事です。あの場合、「地の魚」は毒にまみれている。本当はちがうけれど。「天」と「地」はいつも循環しているんです。

本当はヨーロッパにもそういうコスミックな伝説はあるんです。世界中どこにでもあるけれど、そうでなくしたのはローマです。

天草・島原の乱は、世界史的事件

鈴　木　石牟礼さんの『春の城』は、キリスト教のいろいろな用語を、私に言わせると全部ケルト的に訳しているんです。日本語にしているんです。「伴天連《ばてれん》」は「ともなう連れ」と書く。そして石牟礼さんは「愛」を「おたいせつ」と言いますね。それから「慈善事業」ではなくて「慈悲組」と言いますね。そういうふうにいちいち訳しているんです。これは日本のカソリックも含めた翻訳文化を、石牟礼さんはぶち壊しています。そういう作品だと思いました。

そして石牟礼さんも書いておられるように、天草・島原の乱は、世界史的事件です。「乱」ではない。「水俣病」という言葉は、僕は嫌いです。あれは「水俣病大事件」です。病気ではない。

石牟礼　はい。

鈴　木　そして「水俣病」が「大事件」だと本当に思ってよく見てみると、今は放射能から農薬から全部そうです。次々と開発される化学物質との遭遇により日々再生産されつづける毒の物語、水俣問題は今を生きる私たち自身の身につまされる問題でもあるはずです。チッソが撒き散らした農薬もビニルも、皮肉なことにそれらなしには現代的で便利な生活は立ち行かないと思い込んでいます。

それから、天草・島原の乱というのは、武士全員が自分の居場所をなくすくらい、怖かったんです。そういう事件であったと私は思います。だから徳川幕藩体制というか、武士社会というもの、そしてそれにぶら下がっている仏教徒というか、それらが全部、自分の居場所がわからなくなった事件です。それを「乱」という言葉でごまかしている。

郷土史における悶えの声音

石牟礼　小さな村々の郷土史があります。それを読むと、今おっしゃったことがすべてわかります。郷土史というのは小さなものだと思われている。そして「オラショ」を天草弁に翻訳します。それが勉強になります。とてもこまやかに、今おっしゃったことのすべてが出ています。

鈴　木　「オラショ」に訳されて、誰が歌にしたのかわかりませんが……。

石牟礼　名もない人たちです。

鈴　木　石牟礼さんはそういうものをたくさんお読みになられているけれど、ご自身はもともとそういうお方でいらっしゃいますね。それにはお母さまの影響と、お父様の影響と、お祖父様の影響もあるのでしょうか。

石牟礼　はい、三人の影響があります。

鈴　木　石牟礼さんの吉田のお祖父様というのは石工ですね。あの方は文学的才能もありますか。

石牟礼　ありました。

鈴　木　あるはずですね。

石牟礼　今、わが家の成り立ちを考えています。言葉は残っています。それが今はなくなって……何というか、典雅で、そして生活感がある言葉がたくさん残っています。今のうちに郷土史の人たちにも呼びかけて、それから、水俣に魅かれて、水俣に来た若者たちにもうすることがなくて……、あるんですけれども。
鈴　木　あるけれど、何をしていいかわからない、そういう若い人たちのためにも何かを作ろうかと思って……。
石牟礼　どうやったらいいのかわからない、そういう若い人たちのためにも何かを作ろうか
鈴　木　そうなのですね。おもかさま、お祖母さまからも歌をいっぱい習っているのではないですか。
石牟礼　祖母は生まれながらの歌い手です。それで名物というか、水俣では誰も知らない者はない。それでめくらでしたから、そして片足の方が腫れていて、今はありませんけれど、何ていう病気だったか、それで崖の上に連れていかれて後ろから突き落とされたり……。
鈴　木　そういうことをされるんですね。
石牟礼　はい。それでお祖母様が外へでかける時は「道子、おもかさまについて行け」って母が言いましてね。それで生傷が絶えなかったんです。

天草・島原の乱は未だ終らず

鈴　木　そのお祖母様をかかえていた石牟礼さんのお母様と『食べごしらえ　おままごと』の中で麦踏みをしていたでしょう。僕はあの場面が大好きなんです。そしてそんなお母さまを

「即興詩人」だと書いておられる。あれが最高ですね。「団子にしようかな」とか、ああいう歌をいつも歌っていたという。

石牟礼　はい。「男と女子《おなご》は別々」って言いまして、それに私もつけて歌っていました。

鈴　木　あれが〝食べごしらえ〟なんですね。

石牟礼　はい。

鈴　木　料理というと、まな板の上だと思っているけれど、麦踏みをして、そして歌っていることがね。

――そうです。何かこれでやっているということではない。つくることです。

鈴　木　『春の城』でも、城の中で麦踏みをやらなければならなくて、石臼を持って行くんですね。だからあの作品に天草・島原の「乱」のみを見る人は、そういうことがわからないんです。そして何故あのような乱が起こったのかというのは、生きるということがどういうことかわからなければ、あの「乱」はわからない。そういうことを感じるんですけれど、石牟礼さんはそこをどのように描こうとされたのでしょうか。

――さっき鈴木さんが天草・島原の乱は、キリシタンの断罪ではなくて、まさに世界史的な事件だと言いましたけれど、石牟礼さんご自身はそういう思いで『春の城』を書かれたのですか。

石牟礼　はい。

――それはどうして、そのように感じられたのですか。

石牟礼　水俣事件にかかわろうと思ったときに、戦わなくてはならないと思ったんです。それが私の戦いだと思ったんです。

鈴　木　水俣の時から、天草・島原の乱を考えておられたのですか。

石牟礼　はい。

――天草・島原の乱というのは、踏み絵をしなかったキリシタンに対して、キリシタン弾圧の事件として日本史の中では処理されています。石牟礼さんは、それはちがうと言われる。世界史の問題だと言われる。石牟礼さんは書きながら、また取材しながら、それをどのように感じておられたのですか。

石牟礼　まだ終ってないと思いました。

――天草・島原の乱がまだ終わってないと。それは水俣の事件が終わっていないのではなくて、天草・島原事件がまだ終っていないということだと。

石牟礼　はい。隠れていると思いました。

――それが形を変えて水俣事件が起きたというお考えですか。

石牟礼　はい。

厚生省で座り込んでおりました。(7) その時はみんな逮捕覚悟でした。それで私は見ていました、十三人が逮捕されるのを。そうしたら中に（刑務所の）先輩たちがいたんです。その泥棒や詐欺が、新しく入った十三人を歓迎したそうです。中には外のことをよく知っていたそうです。外で逮捕事件が起きていることを知っていた。それで大変喜んで、よく来たと。そして窓の下に、「ここから見るとよく見える」と言って……それで「ここに俺たちが這って台にしてやるから、上がって外を眺めてみろ」。「お前たちのことは評判になっているぞ。牢屋の中にも聞こえている」と言って、（刑務所の）中は大変よろこびに満ちていたと……。それで「しめた」と思いましてね。まだ続いています。

――天草・島原の乱は今も続いている。

石牟礼　今もまだ続いています。ただ、どう処理したらいいかわからない。何も言わないですけれどね。

鈴　木　石牟礼さんがそう意識されているということが世間には知られていませんね。ああいうのは全部事件として処理しているでしょう。

石牟礼さんを囲んでの『春の城』の舞台裏

――『春の城』は、単純な歴史小説という枠組みには収まりきらない根源的な問いを潜ませた壮大な作品です。だから、なかなか理解されていない。「草の道」を読んでから、『春の城』を読むとわかりやすいと思います。[8]全体のタイトルは『春の城』にして、第一部は「草の道」、第二部が「春の城」という形でまとめたい（『完本 春の城』藤原書店、二〇一七年七月に刊行）。『春の城』一冊だけ出しても難しくて読めないのではないでしょうか。

鈴　木　私は、石牟礼さんの書かれたものの中で、もっとも哲学的な作品だと思いました。——これを一冊の本にするときに『春の城』の主要な登場人物を是非つけたい。それから地図ももっと詳しく、そして地名にはルビを振りたいと思います。

石牟礼　幕府軍が江戸から九州の天草までやってくるのは大変だったと思います。それで道すじに当たった所は、まだ伝承を残していやしないかと思います。

鈴　木　史料としてある可能性があるのですね。

石牟礼　「郷土史」の中に。噂にならないことはないです。馬も連れて来ていますから。ものすごい数を連れてきています。どういうことのない種類の人物たちが、馬に乗って、徒歩《かち》で来た人もいるでしょう。草鞋《わらじ》もいるでしょう。

＊（7）チッソでの座り込み「患者さんたちと一九七〇年代のはじめ、東京のチッソ本社で座り込みをして、盾を持った機動隊にぐるりと囲まれたことがありましてね、私、不思議とこわくなかった。患者さんたちと死ねるのなら死んでもいい。そう思った時、ふーっと、『島原の乱』のことが頭に浮かんでね」（『石牟礼道子全集 不知火 第一三巻　春の城』六九四頁）。

＊（8）『完本 春の城』巻末の藤原氏による「編集後記」参照。

（以下、天草・島原の地図を見ながらのやりとり）

鈴　木　内野の村の清兵衛さんという方は、苗字はないですね。

石牟礼　苗字はないですね。

鈴　木　だけど、蓮田仁助ははっきりと蓮田と書いてある。

――それは庄屋だから？

鈴　木　いや、清兵衛さんもけっこういい家です。豊かな家ですね。今、私は登場人物のリストを書いているんです。蜷川左京《にながわさきょう》とか辺見寿庵《へんみじゅあん》とか、これを全部表にして整理したい。それから地名の読み方。

石牟礼　それは郷士史の人たちに頼めばできます。そして長崎まで書いた方がいい。

鈴　木　天草四郎が長崎に行って、元女郎さんとお付き合いがあったから長崎も大事です。地図は長崎まで含めた方がいい。それから細川はすごく慌てふためくわけだから、細川の藩も書いた方がいいですね。

――熊本から長崎の地図と、天草の拡大図が必要ですね。

題名「春の城」について

鈴　木　石牟礼さんにいろいろお伺いしたいことがあるのですが、これは最初に伺うべきで

「草の道」関連地図

（『完本 春の城』より）

あったかもしれません。作品の題名で「原城」が「春の城」に変わります。これはなぜ「原」を「春の城」にされたのでしょうか。そこにはどのような想いがおありであったのでしょうか。

石牟礼　水俣では「花の長崎」と言っていました。江戸は華、「花のお江戸」と言われていました。その連想で、私のうちは……。これも魅力的なテーマです。「花の都」、「花のお江戸」、「花の京都」と言いました。

それで船を、対岸にチッソができましたから、会社が先にできたんです。会社から煙が出るでしょう。それで天草から水俣へ、その煙をめざして漁師さんたちがやって来る。それで私の小さいころまでは、まだ水俣には水がなくて、飲み水を船に積んで運んできたんです。何里ぐらいあるでしょうか。

御所浦という岬が見えますけれど、そこには太古の生きものがいたんです。恐竜がいたんです。それは骨が出てきたりしたんです。それで御所浦では博物館を作ろうとしたんです。恐竜の博物館を作りたいんです。そして名物にしたい。ところが、つぶれたんです。去年ぐらいだったかな。それで御所浦の人たちはまだ諦めていません。そこで作る下ごしらえをやっています。その人たちにこの本を読ませたいけれど……。

鈴　木　そういうものではないのが、「春」ですね。

石牟礼　「春」は、寒さからほどかれて、海の水も冷たくなくなる。

鈴　木　作品にもそう書いておられますね。如月と言っています。如月はものがふたたび生まれ変わること、そういうふうに僕は読みました。

石牟礼　如月というのは季語ですね。

鈴　木　「生更《きさら》ぎ」は草木の再生を意味するという説もあります。運気が再生するのが如月と、そう思って読んだんです。

石牟礼　うちの父は、晩に……、水俣に行くのに。そしてその村は、十四、五歳の男の子を「あぼ」と言います。あぼたちはみんな村を出たがっている。石工を育てる島です。ところが、石工がだんだんいなくなって、どこかの対岸の村があるんですけれども、石工の弟子になりに、わが家はそのあぼたちを育てる家でした。それで職人がいなくなると、対岸の村があります。

わが家は、あぼたちを育てる家でした。それで職人がいなくなるということ。それで対岸の村の何とかというところに……歌があります。西南の役で田原《たばる》坂の戦さ(9)というのがあった。それで「田原坂」(メロディを口ずさむ)。声が出なくなった。

鈴　木　しかし、この「春」にはいろいろな意味があるのですね。

――「春」というのは「張る」という意味もありますか。「春の城」というのは原城のことですか。「原」

を「春」と読んだのですか。

石牟礼　ちがう。いや、わかりません。

鈴　木　原城が落城するのが春ですね。これから春になるという時に落城するんですね。蓮田仁助が「十六夜じゃ」と言うんです。これはすごいなと思いました。そして大潮がやってきます。そのころに落城するんです。だからまさにこの場面が春の城ではないかと。

――当初出版された時に「アニマの鳥」というタイトルにされたのはどうしてですか。

石牟礼　「春の城」の方がよかったと思いました。

――よかったですね。「アニマの鳥」というタイトルは石牟礼さんご自身でつけられたのですか。

石牟礼　私がつけました。あのときは「春の城」より「アニマの鳥」の方がいいと思った。

――『石牟礼道子全集』の時には、「春の城」の方がいいと言われておりましたね。やはり「春の城」がいいね。

鈴　木　いいでしょう。仁助が「今日は如月の二十六日ぞ」と言います。この「如月」が効いていると思った。

石牟礼　ことばがいいですね。

鈴　木　やはりいいです。二月なんて言っても仕方がない。旧暦二月ではない「如月」です。

――如月の二十一日ということは、今の新暦でいうと、三月二十日ぐらいですね。

鈴　木　そして大潮です。これから大潮が来るぞと。

天草の下島・父の記憶

石牟礼　四郎が生まれたところは下島《しもじま》と言って、九州でも一番南の方の薩摩です。

鈴　木　石牟礼さんのお父様も天草の下島のご出身。下島には「鈴木様」という神社がありますね。その「鈴木様」は、お父様が位の高い方だと仰っていると、石牟礼さんはお父様から「鈴木様」のことを聞いておられた。

石牟礼　はい。聞いていました。

——代官ですね。

鈴　木　鈴木重成(10)という人物です。重成の兄、鈴木正三《しょうさん》(11)という人が、これはまた大変な人で

*(9) **田原坂**　熊本城を目指す官軍と薩軍が、三月四日から二十日にかけ一進一退を繰り返した西南戦争最大の激戦地。その様子を歌った民謡は数々の歌手によりレコード化され流行歌謡となった。

雨は降る降る人馬はぬれる、越すに越されぬ　田原坂
右手《めて》に血刀左手《ゆんで》に手綱、馬上ゆたかな　美少年
春は桜 秋なら紅葉、夢も田原の　草枕
草を褥に夢やいずこ、肥薩の天地　秋さびし

すね。正三が天草に来ているというのは知らなかった。鈴木重成は割腹自殺をしますけれど、天草・島原の乱は武士にものすごくこたえるんですね。幕府の根幹が揺らいだ事件です。

石牟礼　水俣はこのままでは港を造っても海がない。それに長崎と近いから、長崎に行く定期船をつくったんです。それに松太郎（石牟礼さんの祖父）がかかわっています。それで自分の姉様の息子を船長にして、水俣に行くための定期船だから毎日は出ない。出る日はうちに泊っていきました。町内に対して親戚が大いばりで、天草にあいさつに行って、わが家はご飯時になると、箱膳といって、このぐらいの高さがあって、一つ一つに抽斗《ひきだし》がついている。

ご飯時になると集まって、おもかさま（石牟礼さんの祖母）は気が狂っていましたけれど、ルールはきちんと守って、ご飯時になると外に遊びに行きますので、私が連れに行きます。そして連れてきて、父が箱膳を運んで、まずおもかさまに差し上げます。そして「おもかさま、そろいましたばい」と、まず一番に差し上げます。「ばい」というのは敬語で、「おもかさま、どうぞ」という意味です。そうすると、「そうかえ、ご苦労じゃった」と言って、そして「いただきやす」と言って、おもかさまがみんなに声をかけるんです。それでみんなで「いただきやす」と言って、みんなで食事をはじめるんです。

鈴　木　おもかさまが一番位が高いということですね。

美智子皇后（現・上皇后）様とのこと

——石牟礼さんに大事なことをお伝えするのを忘れていました。昨日、皇居の女官長様よりお電話をい

（10）**鈴木三郎九郎重成**　兄の正三が出家したあと鈴木家を継いだが、将軍家の御納戸《おなんど》頭を務めるような有能な行政官僚で、四十一歳で上方代官に任ぜられた。大坂一帯を襲った大洪水の復旧に目覚しい成果をあげ、堤奉行も兼任するが、鉄砲や大砲の調達や管理を主な仕事としていた。松平信綱の命により、鉄砲奉行として、大坂から大砲や玉薬を運び、一揆と対峙する。しかし、堤奉行の時、隠し田が発覚した農民の減刑に苦慮するような人物で、一揆にも複雑な感情で臨んだであろう。一揆壊滅後、幕府の直轄領となった天草の初代代官に任ぜられ、兄の助けを得ながら、一二年間、天草の再建に尽力し、年貢の半減を幕府に願い出たが入れられず、江戸で割腹自殺した。

（11）**鈴木正三**《しょうさん》（一五七九—一六五五）　三河の人、幕臣であったが隠居を面向きの理由として、出家して正三と称し、仁王のごとき勇猛心をもって座禅せよと説く仁王禅に顕著であるように、江戸時代では稀有な宗教者・思想家であった。キリスト教を批判した『破吉利支丹』という著作がある。九歳年下の弟の重成が堤奉行をしていた折、隠し田が発覚した農民の減刑に苦悩していたとき、弟を叱咤激励したことがあったが、重成が天草の代官になった翌年、天草にたどり着く。足掛け三年、弟を助け、幕府に働きかけて、相当な額の資金を獲得し、多くの寺院を再建した。鈴木兄弟が再建・新設した寺院は、三十を超えるとされているが、現在確認されている寺院は一七で、禅宗九、浄土宗七、真言宗一で、一宗一派にとらわれない正三らしい配慮が見られる。こうした天草での仕事の総仕上げが『破吉利支丹』で、再建にかかわった寺に一巻ずつ納めたという。

ただきました。「皇后様からの伝言を伝えさせていただきます。石牟礼さんはお元気でしょうか。心配しております」と。

石牟礼　お手紙を書こうと思うけれど、なかなか書くことが出来ずにいます。

――「私は明日、石牟礼さんにお会いしますから、帰りまして来週あたり、ご連絡させていただきます」と女官長にお伝えしました。

石牟礼　毎日考えております。

――皇后様は、「石牟礼さんは、私のお友だちですから」と言われたんです。以前、鶴見和子さんの命日の山百合忌で、皇后様と石牟礼さんが隣同士で会食をしていただいたことがありました。パーキンソン病の症状で躰が動いてしまい、止めることができない石牟礼さんが、食事をするのに困っている様子をご覧になられ、皇后様が自らお手伝いされておられましたね。

石牟礼　光栄ですね。お会いしたらどんなお話をしようかと思っています。皇后様がふだんは絶対に入ることのできない世界に、私はおります。恐縮です。こんなお部屋にお連れしたら、皇居と比べてびっくりなさるでしょうね。

――私がお伺いさせていただいたお部屋は、本当に簡素な、何も飾り気のない、そういうところでした。

石牟礼　そうだろうと思います。

――日本はそういう文化なんです、質素で簡素な。装飾華美なお部屋ではなくて。

石牟礼　退位なさるのでしょうか。

――そうかもしれませんね。私は石牟礼さんともう一度お会いしていただきたいと考えています。一度、お電話でお話しされましたね。

石牟礼　お電話くださいました。その時に「九時半まで公務がありますから」と。

――そうなんです。皇后様からお電話をいただくのは、いつも九時半以降です。しかし、石牟礼さんは薬の時間が決まっているんです。だから夜遅くはだめなんです。

石牟礼　九時半になって、たいがい……。夜遅くは発作が起きています。話ができない。息ができないんです。

――石牟礼さんは今はお声も出て話されていますが、発作が出ると、すぐに休んでもらわないとだめなんです。

鈴　木　今日はお声が出ていますね。

石牟礼　今日は前もって薬を飲んでいます。

鈴　木　先ほどからお伺いしていると、言葉づかいが本当に上品ですね。日本の雅《みやび》の文化というか、そういうものを感じます。今日ここまで連れてきてくれたタクシーの運転手さんも言葉づかいがいいですね。あれは何となく熊本弁ではないような、天草弁なのかな。

――いや、彼は横井小楠が出た沼山津《ぬやまづ》と言っていた。ここへ来る前に益城《ましき》を通って、小楠記念館、小楠の生家の跡、四時軒に立ち寄ったんです。

石牟礼　私も熊本に行きましたけれども、熊本の町のことは何もわからない。どこへも行かないで山の方へ行きました。

『無常の使い』[12]について

石牟礼　「無常の使い」という言葉は、藤原さんが発見なさいました。それで私も「使い」の方がいいなと思った。まだあります。「無常の使い」というのは。

――「今日は水俣から無常のお使いに上がりました。お宅のご親戚の誰それさんが、今朝方お果てになりました。お葬式は何時頃でございます。口上の言葉をおろそかにしてはならず、死んだとは言わない。お果てになりましたとか、仏さまになられましたと言う」（『無常の使い』より）。すばらしいですね。

石牟礼　ふつうの会話の中では、「無常のお使い」とかは言わないで、お使いの時にだけ言います。からだを正して「無常の使いに上がりました」と。

――その後に、使いを受けた親類の家では「これも丁重にお帰りのお足元は大丈夫ですかとねぎらった」。お互いに心がこもっています。言葉とはそういうものです。

悶えてなりと加勢せねば

石牟礼　「悶えてなりと加勢せねば」という言葉があります。悶えてなりと何も加勢することはできなかったけれど、本当は悶えてなりと加勢せんばいかんと。

——本当は悶えたりしないで加勢するべきであったのに、しなかったということでしょうか。

石牟礼　悶えてなりと何も加勢することがなかった。

鈴　木　悶えることぐらいしかできない。加勢しなければならない。

石牟礼　相手の人に伝わるように、悶えてなりと加勢せにゃいかんだったのに、それもできなくてということを、そこの家の人たちにはわからないように話します。加勢せねばと思っていることが相手に伝わらないけれども、悶えてなりと加勢せねばと思っておる。それで「悶え神」さん……。

鈴　木　石牟礼さんは「悶え神」なんですね。それが中軸にあるんですね。

石牟礼　大変情愛のこもった言葉をのこしていますね、日常に。それでさっきの話の……。

鈴　木　言葉づかい。

＊（12）『無常の使い』藤原書店、二〇一七年。

天草とケルトに「暮らしの祖型」を見る

石牟礼　マルクスとハムレットの共通点は、小さなところにも……そしてケルトというのは……何なのでしょう。最近送られてきた小冊子『機』で、こういう人がいるんだなと。それでお会いして、あなたのことだったのかなと思った。

鈴　木　私のことでしょうか。鈴木一策と申します。

石牟礼　そうしたら、いらっしゃった。

鈴　木　渡辺京二さんに『マルクスとハムレット』(13)を送ったんです。それでお返事もいただきました。読書感想。それで僕、石牟礼さんにも送ったんです。たぶん届いていないと思う。ヨモギは、蓬餅《ふつもち》を含めて生活の真ん中にあるぐらい大切なものでした。そして春の蓬摘みというのは、女の人にとっては大変重要な風物詩ですね。それでモグサを作って、蓮田仁助の家のおうめさんみたいに、モグサの作り方のうまい人がいて、みんなでお灸のしあいっこをしているじゃないですか。そういう文化はアイヌ文化にもあります。それからシェイクスピアの『ハムレット』にも出てくるんです。加工品ではなくて、食べることから医療も全部含めて、そういうものに密着した生活というのは、僕はケルト文化と言ってもいいと思います。石牟礼さんの幼い時からこれまで生きてこられたところには、そういう文化、「暮らしの祖型」とでも言うべきものが残っていますね。そういうことを、僕は『マルクスとハムレット』の中で書いたんです。

――つまりケルト文化と、天草・水俣文化はつながっている。だから西洋と東洋というような分け方そのものがおかしいと。今の西洋というのは、ギリシア・ローマであって、ケルトとギリシア・ローマはちがう。

鈴木　ローマとかギリシアの文化の下に押しつけられているけれど、残っているんです。言葉はほとんど残ってないんです。私はマルクスの『資本論』を五十年間読んできて、ヨーロッパ知性の中にそういった「暮らしの祖型」に基づいた思考形態のようなものが幾重にも折り重なって歪められてきた形跡があるということに気がつきました。現在も残っているケルト文化の一番わかりやすい例が、五月柱祭です。日本ではメー・デーと言いますが、向こうではメイポール（五月の柱）と言います。五月柱祭は東欧にも残っていて、そういった場所では教会が全部木造です。日本の長野県の諏訪大社の御柱祭もそういう文化なんです。柱を立てて、みんなで踊るという文化です。それが『ハムレット』の中で描かれています。水俣には五月柱祭はないかもしれませんけれども、少なくともヨモギには残っていますね。

＊（13）鈴木一策『マルクスとハムレット』藤原書店、二〇一四年。

石牟礼　草は地面を張っていきます。木は離れていますね。でも、もっと微細なところには、地球を包んでいます。ヨモギは地球を……。そして月夜の晩にはヨモギを思い出して、夜干しをします。

鈴　木　ヨモギを摘んできて、月夜に夜干しをする。お月様ですね。ヨモギのことをアルテミシアと言います。ヨーロッパでは月の女神と関係のある草なんです。そして『春の城』にもヨモギが出てきますね。私が伺いたかったのは、天草四郎が最後のところで断食をします。キリスト教は本当は断食をやっていたと思いますけれど、ローマ・カソリックはやらなくなった。でも、石牟礼さんは断食をさせていますね。それは断食をしたという歴史的な事実があるのでしょうか。

石牟礼　それはわかりません。あるとすれば方々に小さいことを綿密にやりますから、郷土史にたくさん書き残しているんです。その中にオラショがあります。オラショは天草弁です。それを綿密に調べたら、何か出てくるにちがいないと思っています。晩年の仕事にそれをやろうかと思っていました。そうしたら手がふるえて、横の線がうまく引けないんです。上がるか下がるかして、まっすぐいかないのが悩みです。字がとてもへたくそになります。

鈴　木　やはり自分で書かないと先に進めない。

石牟礼　昔の人のくせがついた。上、下どころではない。一字一字が象徴ですね。〇を書いてチョンを書いて……。それで天草の郷土史の見本として、藤原書店でもおやりにならないかなと。それでよその郷土史と比べて……。

――前に天草に私が出かけた時に、そこで絵を描いておられた方がいましたね。

石牟礼　たくさんいらっしゃいますが、もう亡くなられたでしょう。

私も一介の田舎の主婦ですから「なんばしよっとるか、あそこの嫁御は」と言われますね。やりにくかったです。そしてびっくりしたのは、嫁に行った先のお姑さんが使っておられたまな板が、魚の背中のようになっている。固いところがあるんですね。

鈴　木　それでも使っている。

石牟礼　そしてそれを大事に使って「こぎゃんすっときは……かったち思うから」と言われました。それで包丁研ぎが……ようにして、姑さん。美術品ではらってくれるかなと思いました。長男が家を継がれましたが、うち（石牟礼さんのご主人）は次男でした。

――石牟礼さんの御主人は次男だった、長男ではなくて。

石牟礼　兄弟八人生まれて、この人だけが中学に行ったので、恩に思っていました。六年生まで行きました。私も実務学校というのに行きまして、女学校には行けなかった。私は紡績工場へいくつもりでいました。英語も今から勉強しようかと思って、ＡＢＣを。だけど覚えるよりも忘れるのが早くなって……（笑）。

日本の古典というのを読んでいませんでしたので、それではじめて、最近『平家物語』を読みはじめました。文章がとてもいいですね。日本の古典を勉強しようと思っています。

熊沢蕃山と石牟礼道子の宇宙《コスモス》

——天草・島原の乱とちょうど同じ時期、十七世紀の江戸期に熊沢蕃山(14)という先見の明をもった傑出した学者がいました。その蕃山の影響を受けたのが横井小楠であり、安場保和、後藤新平へとつながっていくんです。(15) このつながる線が、今、石牟礼さんが水俣事件と天草・島原の乱をひとつながりのものとして見られたのと同じように、完全に消えてはいない。ボワーッとしたひとすじの光というか、一輪の光というか、藤原書店はこれを何とかもう少し明るくすることによって、今の世を新しくしようとしているということなんです。

石牟礼　それから細川ガラシャ。(16) ガラシャさんはどういう立場だったかなと思います。何を考えていたかなと思います。

鈴　木　細川ガラシャがいるから、簡単に動けなかったんです。

天草・島原の乱に熊沢蕃山は参加できなかったけれど、蕃山のお父さんが参加するんです。そして敵として原城に攻めにいって、大けがして帰ってくるんです。蕃山はまだ元服前の血気盛んな年頃で、キリシタンをやっつけなければいけないと思っていたんです。元服していないのに、上司の言うことを聞かないで勝手にやろうとしたのだけれど、行こうと思ったら

（14）**熊沢蕃山**（一六一九—九一） 江戸初期の学者。天明八（一七八八）年の学者番付『学者角力勝負附評判』で、最高位の「東の正・大関」は蕃山、「西の大関」は新井白石と評されるほど人気があった。荻生徂徠、藤田幽谷、横井小楠、勝海舟、島津斉彬（幕末薩摩の「名君」）、伊東猛右衛門《もえもん》（一八一六—六八、蕃山を尊敬し、二十代の西郷隆盛・大久保利通らに蕃山経由の陽明学を教えた薩摩藩士）らのきわめて高い蕃山評価があり、明治になってからは吉田東吾（在野の歴史家）や後藤新平らの高い蕃山評価があった。昭和十五（一九四〇）年には、正宗敦夫編『熊沢蕃山全集』全六巻が刊行される。

他方、丸山眞男の『日本政治思想研究』の大きな影響下にある戦後の日本思想史においては、荻生徂徠や本居宣長が浮上し、蕃山は忘却されていった。

（15）「後藤新平の愛読書は蕃山の『集義和書』であった。後藤の岳父・安場《やすば》保和《やすかず》（一八三五—九九）、後藤と親交が深かった徳富蘇峰の父・一敬は、共に横井小楠の高弟である。小楠は「日本の書にては熊沢の集義和書は格別」（越前藩士・岡田準介宛書簡、一八五二年）と『集義和書』を絶讃しており、近世日本思想史には、蕃山・小楠・後藤・蘇峰という無視しがたい山脈があったことがうかがわれる。特筆すべきことは、荻生徂徠・本居宣長の思想のドラマを演じた丸山眞男にはこの山脈を論じた形跡が見られないことだ。蕃山の広大無辺の思想が、丸山の近代主義とは決して相容れない以上、これは当然のことと思われる。研究途上の私見にすぎないが、蕃山の根本的な思想は、外来の儒学、朱子学ことに陽明学から深く学びつつも、日本の風土に即して展開された万物一体論であろう。その万物一体論こそ、閉塞に陥っている近代の闇を照らし出す極上の鑑であることを、痛感している」（鈴木一策「学の匠、熊沢蕃山」『環』58号、藤原書店、二〇一四年、より）。

＊（16）**細川ガラシャ**（一五六三—一六〇〇） 明智光秀の娘。肥後細川家初代・細川忠興の正室。後にキリスト教へ改宗。

終っていたんです。それで蕃山自身は行かなかった。だけど、その後ずっと蕃山は何故あの戦が起こったのか、考えていたと思います。

キリスト教が日本に入ってくるのは、当時の社会全体が根底から脅かされる大事件なのだけれども、蕃山はキリスト教の方が仏教よりも一貫していると言っています。だからキリスト教に敗けるだろうと。だけど私は、天草・島原の乱で問題になっているのは、キリスト教でも仏教でもなくて、もっとちがうものだと思います。それが私は『春の城』の中で描かれていて面白かった。そして熊沢蕃山も、実はそのことを考えていた。

それを簡単にお話しますと、天と地と人間が一貫した世界を築こうという思想なんです。「天・地・人一貫の思想」と言います。石牟礼さんの作品の中に「天のくれらす魚《いお》」という言葉がありますね。あれがまさに天と人との一貫したことを言っているんです。そして地の世界でもそうです。ヨモギを摘むのも全部そうです。僕は熊沢蕃山というのは、儒者や陽明学者と言われたりしているけれど、彼がもっとも大事にしたのは、陽明学でも朱子学でもなくて、孔子の『詩経』[17]です。白川静先生もやりましたけれども[18]、蕃山は『源氏物語』の中に天と地と一体化した思想があるということを言っています。石牟礼さんがこれまでされてきたことは、すべて「天・地・人一貫の思想」に通じるものだと私は思っているんです。

――熊沢蕃山は『源氏物語』を恋物語でもなく、ただの政治でもないものとして読んだ。『源氏物語』

というのはいかに大事なものか、今読まれている読み方と全くちがうんです。石牟礼さんも、そのように読んでおられるのではないですか。

石牟礼　はい。

——熊沢蕃山が『源氏』をどう読んでいるか、簡単に……。

鈴　木　源氏の息子の教育について語られている場面が『源氏』の「夕霧」にあります。大事なのは、本当の才能だと。その際に「本才《ほんざい》」という言葉を使うんです。その「本才」とはどういう才能かというと、本当の意味で、民にこたえる才能です。知性とかではない。そういうのを「本才」と言うんです。そして蕃山は、徳川幕府を批判した『大学或問』という書

（17）**『詩経』**　中国最古の詩篇。『詩経』の「豳風《ひん》」には、蚕の幼虫に「白ヨモギ」を食べさせる婦人の養蚕作業をはじめ、星の動きや虫の音といった天地の神気に深く感応し、天の時を読み、大地の恵みに感謝して生きる農民の生活が活写されている。『詩経』（ことに「豳風」）を絶賛した孔子を、蕃山は高く評価する。決定的に重要なことは、蕃山が孔子を儒教の祖としていないことだ。蕃山は、孔子の説いた道は、儒教という制度化したものには納まらず、古代シナ周の『詩経』にも、日本の平安時代の『源氏物語』にも通底するような、大地に根ざした大道であると主張している。『詩経』と『源氏物語』とに活写されている穏やかで質素簡素で慎ましい文化を蕃山は日本の大道として再興しようとした。

＊（18）白川静『詩経——中国の古代歌謡』中公文庫ＢＩＢＬＩＯ、二〇〇二年。

の中で、「本才」が国を治める君子にはとても大事な資質だと言っています。そういった言葉を漢籍からではなく、日本の古典である『源氏』から引用しています。彼はこの書を出したことで、古河に幽閉されてしまいます。それから「大和魂」という言葉。「大和魂」というのは、僕に言わせれば、本当に日本の生活に根ざした芸術的知性です。だから愛国心でも何でもない。蕃山はそこを大事にしている。

——石牟礼さんもそう思いますか。

石牟礼　はい。

鈴　木　「大和心」と言った本居宣長は、それがわかっていないんです。

——今度の三月十一日に行うイベントで、来場者の方々に石牟礼さんのメッセージを聞かせたいので、お話しください。

石牟礼　私は「花を奉る」(19)を読もうかと思います。

——そうしましょう。

＊(19)　石牟礼道子『花を奉る』藤原書店、二〇一三年。

花を奉る

春風萌《きざ》すといえども　われら人類の劫塵《ごうじん》いまや累《かさ》なりて　三界いわん方なく昏《くら》し
まなこを沈めてわずかに日々を忍ぶに　なにに誘《いざな》わるるにや　虚空はるかに　一連の花　まさに咲《ひら》かんとするを聴く
ひとひらの花弁　彼方に身じろぐを　まぼろしの如くに視《み》れば　常世なる仄明りを　花その懐に抱けり
常世の仄明りとは　あかつきの蓮沼にゆるる蕾《つぼみ》のごとくして　世々の悲願をあらわせり　かの一輪を拝受して　寄る辺なき今日《こんにち》の魂に奉らんとす
花や何　ひとそれぞれの　涙のしずくに洗われて咲きいずるなり
花やまた何　亡き人を偲ぶよすがを探さんとするに　声に出《いだ》せぬ胸底の想

いあり　そをとりて花となし　み灯りにせんとや願う
灯らんとして消ゆる言の葉といえども　いずれ冥途の風の中にて　おのお
のひとりゆくときの花あかりなるを　この世のえにしといい　無縁ともい
う

その境界にありて　ただ夢のごとくなるも　花
かえりみれば　まなうらにあるものたちの御形《おんかたち》　かりそめの姿なれども
おろそかならず

ゆえにわれら　この空しきを礼拝す
然《しか》して空しとは云わず　現世はいよいよ地獄とやいわん　虚無とやいわん
ただ滅亡の世せまるを待つのみか　ここにおいて　われらなお　地上にひ
らく　一輪の花の力を念じて合掌す

アイルランド北部ニューグレンジの遺跡

第Ⅳ部

シェイクスピアの世界

第1章　『ハムレット』とケルトの残影

「定めなき世のなかに、憂き事や頼みなるらん」（謡曲「蟬丸」）

はじめに

ハムレットは、やるべきことを行わない愚図の代名詞となって久しい。叔父クローディアスが「正義」の父王を殺害したのではないかと疑い、父の亡霊からその「真相」を聞き知り復讐を誓いながら叔父がどんなに隙をみせても最後の最後まで復讐しない。そこで、復讐を延期し躊躇する愚図というイメージが支配的となり、多くの解釈者（例えばゲーテからフロイトを経てジャック・ラカンに至るような）を呪縛することになった。だが、西欧の錚々たる知識人が異様なほどに『ハムレット』に関心を持ち続け解釈の山を築いてきたことは、どう考えてもこのあきれるほどに凡庸な王子のイメージと釣り合わない。

私は、彼らの解釈に長期にわたってつき合いつつ『ハムレット』の原文を熟読した結果、シェイクスピアが仕掛けたギリシャ・ローマ文化の装いの罠に彼らが引っかかっていることに気づいた。幾重にも微妙に仕掛けられた罠にかかればかかるほど謎は深まり、謎の解明は偏執的となってハムレットの性格や心理に向かう。思考の過剰、コンプレックス、憂鬱症、実存の不条理等々。それでも、なにか座りが悪く、なにか収まりがつかない。戯曲『ハムレット』が文学史上のモナ・リザとされ、解釈が量産されてきたことの裏にはこうしたつかみどころのなさがあったのではないか。

拙著『マルクスとハムレット』[1]では、彼らの視界に入らないハムレットに若いときから注目したマルクスを浮かびあがらせた。いわゆる躊躇するハムレットには眼もくれず、「気が違っているとはいえ筋が通っている」[2]ハムレットに注目し、「理性に逆らってでも存在するものがある」と言い切ったマルクス。[3]「崇高なものと下劣なもの、恐ろしいものと滑稽なもの、英雄的なものと道化的なもの、それらの奇妙な混合」[4]をハムレットと父の亡霊に嗅ぎつけたマルクスは、ヘレニズム的西欧世界の象徴圏に回収しきれない『ハムレット』に触れている。本稿では、こうしたマルクスには必要なかぎりで言及しつつも、力点はヘレニズム的ギリシャ・ローマ文化に収まらないハムレットの物言いに置かれ、順次D・H・ロレンスの「黙示録論」、ラカンの「ハムレット講義」、デリダの『マルクスの亡霊たち』等々と比較検討する。この試論は、挙げて「近代とは何か」という問いに支配されている。そこで、先ずはケルト文化を制圧したローマ文化とキリスト教に飼いならされているようでいて「思わず知らず気が触れて[5]」しまう（決してケルト文化に回帰するのではない！）ハムレットから問題にしよう。

ハムレットの奇妙な誓い

一幕五場、父を自称する亡霊と単独で「対話」したハムレットが闇の中から戻ってくる。「ご無事でしたか」と不安げに応ずる学友ホレイシオと仲間に、ハムレットは亡霊が告げたことを要約して驚くべきことを言う。「デンマークじゅうに住んでいる悪党でとんでもない悪党 an arrant knave でないやつなど決していない。」（一二九—一三〇行）と。この物言いは、奥歯に物が挟まったようで訳しにくいのだが、後にオフィーリアに吐いた「われわれはみんなとんでもない悪党 arrant knaves だ」（三幕一場、一二九行）を考慮すると、叔父のクローディアスも父も母も、それにハムレット自身も悪党だと言わんばかりの含みを持っている。だからこそ、理性的なホレイシオは「そんなことを言うためでしたら、亡霊がわざわざ墓から出てくるには及びますまい」とあきれ返ってしまう。ところが、ハムレットはさらに輪をかけたように、もう余計な話はよして分かれ、お祈りにでも行ったほうがいいと応じたため、亡霊がどういう存在で何を告げたか知ろうとしていたホレイシオ（この立場は、従来の解釈者の立場でもあろう）は、気分を害し「滅茶苦茶なお言葉」と評する。ハムレットが陳謝すると、ホレイシオは礼を失せぬように「気に障ってはいません」と答える。それに対するハムレットの物言いが決定的なのだ。

いや、ホレイシオ、**聖パトリックにかけて誓う**が、気に障ることがあるんだ、それも気に障りすぎることが。さっき見たばかりの幻 vision だが、はっきり言ってあれは正直な亡霊 **an honest ghost** だよ。

（一幕五場、一四一―四行。強調は引用者）

なぜ、ここでハムレットは、アイルランドの守護聖人「聖パトリック」なんかに誓いを立てなければならないのか。キリスト教の側から見れば「聖パトリック」はカトリックの守護聖人であり、十二世紀のカトリシズムが天国と地獄の中間に想定した魂浄化の「煉獄」をこの名に連想する西欧知識人は史実に忠実だということになろう。しかし、「聖パトリックの煉獄」には「ケルトの伝統特有の類型」も見られ、「十二世紀末から巡礼の対象」であったとのル・ゴフの指摘を重視すべきであろう（ル・ゴフ『煉獄の誕生』法政大学出版局、二八九頁、二九六頁）。さらに、カトリシズムがご法度の当時のイングランドで、カトリシズムの「煉獄」を示唆する危険をシェイクスピアが犯すはずがないことに注意すべきであろう。カトリックであれプロテスタントであれキリスト教にふさわしいイングランドの守護聖人は「聖ジョージ」なのだから、イングランドのグローブ座で誓うべき守護聖人は「聖パトリック」ではありえない。「聖パトリック」は、「煉獄」ではなく、アイルランドと巡礼とをこそ示唆していたに違いないのだ。

戯曲が設定した場所はアイルランドともイングランドとも程遠いデンマーク。ルター創建のウィッテンブルク大学（プロテスタントの牙城）に留学していた王子が父の葬儀のために帰国している。だとすれば、王子はデンマークの「正義」にかけて、あるいはルターが「正義」としたキリスト教の本来の神にかけて誓ってしかるべきであろう。ところが、「聖パトリック」は、こともあろうにケルト文化圏の存在[6]なのである。このことだけからも、王子の誓いの場違いは明白なのだ。この問題には、いますこし後で立ち返ることにして、ハムレットが亡霊と「共謀して」以下四回もしつこく仲間に誓約させるという驚くべき事実に触れたい。

一回目は、「今夜見たことは口外しないこと」を誓わせると、地下から亡霊が「誓え」と叫び、王子は「ははあ、小僧、お前もそう言うのか。そこにいたのか、馬鹿正直め truepenny。」（一五七行）と茶化す。二回目は、ラテン語で「ここにもどこにでも hic et ubique 出るんだな」（一六四行）と応じ、三回目は一回目と違い「聞いたことは口外しない」と誓わせ、地下から「誓え」と叫ぶ亡霊に「よくぞ言った老いぼれモグラ。ばかに速く地下を掘ってゆくな、立派な炭鉱夫だよ」（一七〇行）とほとんど亡霊を馬鹿にした調子で応ずる。四回目は、仲間を愚弄するかのように「俺のことを知っているふりをしないこと」を誓わせ、地下から叫ぶ亡霊に「落ち着け、

落ち着け、魂の乱れた聖霊さんよ perturbed sprit」（一九〇行）と教訓さえ吐く有様だ。

ここには、『ハムレット』が初演された一六〇〇年頃イングランドで流行していた**キリスト教化された錬金術**への強烈な風刺がある。錬金術は、金属の父の硫黄と金属の母の水銀《マーキュリー》という第一質料を「哲学の卵」と呼ばれる坩堝《レトルト》の中で結婚させ、万能薬エレキシルや金を精錬しようとする。(7) 金属のサビは病気として「黒化《ニグレド》」(8)と呼ばれ、「ここにでもどこにでも」遍在する(9)第一質料はこの「黒化」を克服して「霊＝聖霊《スピリット》」に昇華する。ここには、十字架にかけられながら復活したイエス像が重ねられている。こうした金属の練成に取り組む錬金術師は、身を清めるために断食し「聖霊」を帯びるべく精進潔斎《しょうじんけっさい》する。(10) 面白いことに、すでに亡霊《ゴースト》は息子に「わしはそなたの父の霊《スピリット》」と名乗り、「硫黄」の火に焼かれ「生前犯した数々の不正な犯罪が清められるまで断食している」（一幕五場、四―一二行）と告げていた。

さらに面白いことがある。亡霊は、昼寝していた時、「そなたの叔父」によって「玄関・耳栓つきのわしの両耳に in the porches of my ears 呪われたヘブノンのジュースを注がれた」（一幕五場、六二―三行）と語る。ところが、そのジュースは血液と反目し「ライ病をもたらす蒸留液」（六四行）に変質し、**錬金術を助けるはずの**「水銀《クイックシルヴァー》 quicksilver と同じようにすばやく」亡霊の体内を駆け巡り（六六―七行）、ついには亡霊の「滑らかな身体の全体をカサブタ crust で覆い尽くす」（七一―三行）効果を発揮する。当時、全身をカサブタで覆う病気はライ病ではなく梅毒であり、ヘンリー八世が梅毒患者であったように宮廷に蔓延していた。だとすれば、自らを辱めるこの亡霊の物言いには、「硫黄」と「水銀《マーキュリー》 mercury」との予定調和的結婚を夢想する錬金術を皮肉るシェイクスピアが潜んでいたと想像しうるのだ。

錬金術の「全質転換」の予定調和の回路からはみ出し、梅毒に罹った父の「噂」(「耳栓つきの」あの両耳を想起せよ)を「デンマークの耳全体」に伝える「蛇 serpent」(三六行)は、錬金術と縁の深い「水銀《マーキュリー》」ではなく、母なる大地をさすらい月の女神の支配する冥界に下るさすらいの神マーキュリーにふさわしい。マーキュリーの杖に巻きつく「蛇」は再生のシンボルであり、「水銀《マーキュリー》」ならぬ「水　銀《クイックシルヴァー》」の「クイック」こそ母の胎内の胎児の「生き生きとした動き」を意味していたからである。現代では「すばやい」しか意味しない quick の意味の古層には「生きた《クイック》・銀」にふさわしい「生き生きした」という意味があったのだ。現に、ハムレットは「生きているもの the quick」(五幕一場、一二三行)と語り、『恋の骨折り損』には「赤ん坊ができた she is quick」(五幕二場)という表現が見られるのである。

シェイクスピアは、父の悪い噂を伝えるこの「生きた《クイック》・銀《シルヴァー》」によって、何をしているのか。母なる大地から引き剝がした物質の「水銀《マーキュリー》」を力づくで「硫黄」と化合しようとするキリスト教化した近代の錬金術(近代化学の父)、その「全質転換」の滑稽な姿を揶揄していたのだ。そのような観点に立てば、数々の犯罪を犯し梅毒に罹りモグラや炭鉱夫のように「黒化」した父の亡霊は、「霊」への昇華を誓う叫びを四回も繰り返す「馬鹿正直な」錬金術師に見えてくる。否、フランス語で永久の別れを意味する「アデュー」を三回も息子に唱えた（九一行）直後に**四回**も地下から叫ぶ往生際の悪い亡霊は、滑稽でさえあろう。

この錬金術の「全質転換 transubstantiation」への揶揄《やゆ》が、カトリックのミサにおける「全質転換＝化体《けたい》(11)」を仄めかしていることに思い至れば、シェイクスピアの仕掛けの巧妙さに気づくことができる。先のくどい「誓約」は、当時エリザベス女王がローマ・スペインのカトリックに対抗して同盟関係を結ぼうとしていたフランスのアンリ四世を仄めかしてもいたのだ。というのも、『ハムレット』に五年ほど先立って上演された『恋の骨折り損』で、シェイクスピアは恋をせずに学問に専念することを誓い臣下にも誓約を強要する「誓約」マニアのアンリ四世を茶化していたからである。馬鹿正直に誓約しながら誓約を自ら破棄してしまうプロテスタントにありがちな自己欺瞞を軽妙なタッチの喜劇で暴いたのだ。ちなみに、アンリ四世は一五九三年カトリックの支配するパリを奪還するために、カトリシズムに偽装転向してミサに参列する「決死の跳躍＝全質転換」を試み、この「化体」によって、ユグノー・プロテスタントとカトリシズムとの「怪物」的な宗教戦争を退治する「ガリアのヘーラクレース(12)」を豪語していたことで有名であった。「ガリア」とは、カエサルの『ガリア戦記』が示唆するように、**ローマ化されたケルト世界**であり現在の北イタリア、フランス、ベルギー一帯を指す。問題は、ギリシャ・ローマ文化圏で怪物退治の英雄として、異教をねじ伏せる文化的英雄として名をとどろかしていたヘーラクレースにアンリがあやかろうとしていたことなのだ。

ここで思い出されるのは、デンマークは牢獄だとし自分をさすらいの乞食にたとえて語ったハムレットの言葉、「わが乞食たちが本体で、わが君主たちや自分を大きく見せてしゃしゃり出る英雄たちは乞食の影」（二幕二場、二六四行）である。シェイクスピアもその一員であった当時の役者は乞食に分類され投獄される場合もあったのだが[13]、英雄ヘーラクレースを当時の君主（アンリ四世やエリザベス女王）と並べて「乞食の影」とするに等しいこの物言いは、デンマークの現国王の叔父クローディアスのみならず、元国王の父をも「影＝亡霊」であると仄めかして余りあると言うべきであろう。

このことに注意すれば、シェイクスピアがハムレットの「滅茶苦茶な」物言いを借りて描いた亡霊は、キリスト教と習合した錬金術の「神秘主義哲学[14]」、異教の偶像崇拝を批判しながらオカルト的儀式ミサを珍重するカトリシズム、自由と平等を主張しながら万人司祭主義に反転して権威主義の本性を洩らしてしまうプロテスタンティズム、それらを担う幻想として浮上してくる。まさに、これら一連のギリシャ・ローマ文化圏の潮流から、微妙にさりげなくはみ出す形象が「聖パトリック」だったのだ。

アイルランドの石の文化と樹木崇拝

この聖パトリックについて、キリスト教文化圏の知識人はほぼ間違いなくカトリックの煉獄しか連想することができない。シェイクスピア研究の現代の第一人者グリーンブラッドもそうだ。ル・ゴフの歴史的知見を受けて[15]、彼は「煉獄への入り口がアイルランドにあって、聖パトリックによって発見されたドニゴール州の洞穴がそれだと考える人たちもいる。[16]」とし、ハムレットのあの誓いを参照している。しかし、このような解釈は、シェイクスピアがカトリックの聖地ではなく、よりによってアイルランドを示唆した意義を弱め、カトリック化する以前のケルト文化を深く考慮に入れる道を閉ざしてきた。その結果、巨石や列石に見られるアイルランドの石の文化に通底する「泣いて石になった」ニオベの名を口にするハムレット（一幕二場、一四九行）、三体の女神ヘカテの「三度の呪い」を口にするハムレット（三幕二場、二五二行）、キリスト教がサタンとした「蛇」と関わり翼の生えたサンダルに蛇の巻きついた杖をつくさすらいの神マーキュリー（ヘルメス）を仄めかす数々のハムレットの物言い、当時弾圧されていた五月柱祭《メイ・ポール》（樹木崇拝）の主役のロビン・フッドとメイド・マリアンを暗示する気の触れたオフィーリアの「ロビンは私の喜び」という物言い[17]等々、はことごとく視界から消えてしまうのである。

そこで、ケルトの祝祭について触れておこう。キアラン・マーレイは、カルマン〔カルメンの語源らしい〕という破壊と創造の大地母神の祝祭を挙げ、ロバート・グレイブスの『白い女神』[18]を援用しつつ月の周期と母神の形態との関連に言及する。新月には誕生と成長に結びつく「白い女神」、満月には愛と戦いの「赤い女神」、かけ月 **old moon** には死と予言の「黒い女神」が関連しているという。これぞまさしく三体神ヘカテに通じるであろう。さらに、祝祭は、二八〔陰暦における月の数と一致〕の小丘からなる墓地の中心で太陽神ルーナサの祝日八月一日に三年に一度行われ、大地と大空との神聖な婚姻の九カ月後がメーデーにあたるというから、五月柱祭《メイ・ポール》との関連さえ偲ばれる。

この祝祭はキリスト教の儀式とともに終了する。これは、この地域に早い段階からキリスト教が伝来したことを意味する。カーローから川を越えるとスレーティ Sleaty と呼ばれる土地があり、**その地は聖パトリックと結びつきがある**。彼はスレーティを訪れた折、ドルイド〔ケルトの高位聖職者〕の重要な後継者を司教に示したと伝えられる。……スレーティには**きわめて原始的な石の十字架**がいまだに残っている[19]。

ケルト神話についても触れておこう。田中仁彦《ひとひこ》氏は、九世紀の『聖パトリック伝』を踏まえ一二〇〇年頃書かれた『聖パトリックの煉獄』に関連して、聖パトリックと結びつくずっと以前からアイルランド・ケルトの重要な巡礼地・聖地であったロッホ・デルグ（赤い湖）に浮かぶ島の洞窟を指摘している。この洞窟は、ケルトの地下世界＝他界への入り口であって、カトリックの煉獄とは関係ないという。[20] ケルトの他界は、蛇の化身の大地母神ダナまたはアナ（アンナ信仰のアンナに通じる）が支配する「女人の国」であったらしい。決定的なことは、蛇が豊穣の女神としてのこの大地母神の使者と見なされていたことである。脱皮を繰り返し、交尾が長時間に及ぶからこそ「再生」のシンボルとされ、[21] 手足がないがゆえにかえって「地上と地下を」自由に行き来する蛇[22]こそ、サンダルの翼で天界に飛翔し、蛇のまきついた杖をついて暗い冥界に下る「さすらいの神」マーキュリー（ヘルメス）の根源を物語っているのだ。こうして、ハムレットが誓いのために挙げた聖パトリックという名には、古代ケルトの歴史の襞が織り込まれており、石の文化、大地母神の文化、蛇の文化、そして樹木崇拝の文化が潜んでいたのである。怪物退治の英雄ヘーラクレースにあやかりこれらの文化をねじ伏せたキリスト教が、大地をブルドーザーのように開発する近代を用意したことは間違いない。

ハムレットの「ケルト」世界

最後に、このケルト世界に思わず知らず「気が触れて」しまうハムレットを確認したい。父と叔父を比較する二つの決定的な物言いが焦点になる。一幕二場の第一独白でハムレットは父を太陽神ヒューペリオン（アポロン）になぞらえて褒めちぎり、叔父をバッカス（デュオニュソース）祭に酔っぱらって好色ぶりを発揮するサテュロスにおとしめ、そんな半人半獣のような奴と再婚した母を嘆く。

まだ亡くなってから二カ月だ、いやそんなにも経っていない。あんなに立派な王だったのに、半人半獣のサテュロスのような今の王に比べれば太陽神ヒューペリオンのような方だった。……浮気者、その名は女。たった一月、**ニオベのように涙にくれ**、哀れな父上の亡骸を送っていかれた時のあの靴がまだ古くもならいうちに――その母上がなぜ――ああ神よ、理性をもたぬケダモノでさえもっと長く喪に服しただろうに――、オレの叔父なんかと結婚しやがって。オレの叔父は父の弟さ――でも、**オレがヘーラクレースと似ていないくらい**、奴は父と似ていない。

（一幕二場、一三八―五三行。強調は引用者）

この独白に、シェイクスピアは幾重もの仕掛けを施しているのだが、ここではニオベとヘーラクレースに焦点を絞る。先ず、ニオベについて。彼女は多産（七男七女）を自慢したため嫉妬され子ども全員を殺され泣いて石になったが、石になってもすべての子どものために泣くような大地の母であった。だとすれば、夫がなくなって泣いてみせた直後に再婚した母ガートルードを非難するには、同じく多産で夫思いのヘキュバ(二幕二場、四九七行でハムレットはその名を口にする)を引き合いに出すべきであろう。トロイ王プライアムの妻ヘキュバは王の子を一九人産み、夫の死を悲しんで犬になり吠えたといわれている(オウィディウス『転身物語』)ように、ヘキュバは最後まで夫に忠実な王妃だったのだから。この場合、ハムレットは思わず知らずとんでもないものをつかまされている。家父長制の枠内の「夫思い」と「子思い」との明白な「矛盾」に回収しきれない「石の文化」の鉱脈をつかまされているのだ。しかも本人はそのことにほとんど気づいていない。夫思いであれ子思いであれ「泣く母」が意識されているかぎり気づかないのである。

次に、第一独白の「ヘーラクレースに似ていない」というハムレットのセリフを問題にしたい。これは、ニーチェ流の「アポロン的なものとデュオニュソース的なものとの」二分法によって、父と叔父との雲泥の差しか表現していないように見える。ところが、実はヘーラクレースになろうとしてなりきれない王子の値踏みの腰砕けを物語る。そのことに気づくには、三幕四場の母の部屋での再度の値踏みを参照しなければならない。ここでも、ハムレットは父を褒めちぎる。

〔父の肖像画を〕ご覧なさい、……太陽神ヒューペリオンのような巻き毛を、主神ジュピターのような額を、軍を指揮し激励する好色な軍神マルスのような鋭い眼光を、天を摩する山頂に降りたったばかりの紋章官・神々の使者マーキュリー the herald Mercury のような立ち姿を。

（同前、五四―九行）

この父を祭り上げるかのような物言いを理解するために、神々の位格を示す。最高神の太陽神ヒューペリオン（アポロン）は「理性の光」を象徴する。主神のジュピター（ゼウス）は、ヘーラクレースの天界の父親である。軍神マルスは、好戦的であると同時に好色でもある。以上は天界の神であるが、山頂に降り立った地上の神マーキュリー（ヘルメス）は、「さすらいの」神であり、「水銀《マーキュリー》」と密接なかかわりのある放浪の鍛冶師を髣髴《ほうふつ》とさせる。放浪のイメージから魂をヘカテ的冥界に導く神、四辻に祀られる三体神ヘカテを訪れる神とされ、商売・盗賊・競技の保護者・旅人の保護者とされる。このことを考慮して、先のハムレットの値踏みを見直そう。

父を讃美するには、天界の同系列の神ヒューペリオンやジュピターがふさわしい。武勇に優れた父だから、好色であることを除けば軍神マルスも問題ない。しかし、下界に降りた「紋章官《ヘラルド》」は、**国王の伝令者**であって、元国王の父を「紋章官」にたとえることは父を侮辱するに等しい。驚くべきことは、国王の使者「紋章官」と神々の使者マーキュリーとが定冠詞 the で一つにくくられていることだ。私は、父を天界の神々から下界の「紋章官」に切り替へてしまったハムレットの屈折をこう解釈する。「紋章官」は、父の命令を忠実に受け取るハムレットであり、「紋章官」と併置された神々の使者マーキュリーは、父の命令に引きつけられ《アトラクト》ながらも、そこから逸れてしまう「気が震れた《ディストラクト》=触れた」ハムレットなのだ[23]、と。そもそも、相手の批評に自分が気にしていることが混入することはよくあることである。例えば、父を「偉い」と、つまりは「立派だ」と評する息子が、「偉い=迷惑」と感じていることがあるように。ハムレットも、父をべた褒めしながら、ついつい自分が気にしていることを洩らしてしまったのではなかろうか。これは、キドプロコ[24]の典型なのだ。言いかえれば、**「父の描写」の代わりに、思わず「自分の描写」をつかまされるキドプロコの極致**なのである。先に、「夫思いのヘキュバ」の「代わりに」思わず「子思いのニオベ」と共に石の文化をつかまされたハムレットと同じように、ここでも彼は「父の描写」の「代わりに」思わず「自分の描写」をつかまされているのだ。これをキドプロコと言わずしてなんと言うべきか。

　こうして、「気の触れ」がマーキュリー流の「さすらい」に通じるばかりでなく、キドプロコにも通じていることが明らかになる。このような三幕四場の「気の触れた」ハムレットを考慮すると、一幕二場の「オレがヘーラクレースに似ていないように、叔父は父に似ていない」

というハムレットの物言いの襞が浮き上がってくる。ヘーラクレースはジュピター（ゼウス）の息子である。ハムレットがヘーラクレースに似ていないとすれば、その父はジュピター以下の好色な軍神マルスに格下げされ、ハムレットが叔父をたとえたサテュロスが、ただ酒神バッカス＝デュオニュソースの従者なのか反省する必要が出てくる。というのも、サテュロスは、「パンの笛」で有名な牧羊神パンの従者でもあり、パンはマーキュリーの息子であるからだ。したがって、ジュピターのような父とサテュロスのような叔父との比較には、父を軍神マルスに引きずり降ろし、**叔父を従えるマーキュリーのようなハムレットが紛れ込んでいた**ことになるのである。叔父を「見下した」ハムレットは、叔父を「従える」マーキュリーをつかまされている。ヘーラクレースに似ていないハムレットは、さすらいの神マーキュリーに似てくるのだ。マーキュリーの杖に巻きついた「蛇」こそ、キリスト教がサタンとした異教的形象であることに留意されたい。

注

（1）鈴木一策『マルクスとハムレット』藤原書店、二〇一四年。
（2）二幕二場二〇五行（以下、アーデン版の行数で表示）。宰相ポローニアスの評。マルクスは、これをそのまま引用している。
（3）「歴史法学派の哲学的宣言」『マルクス＝エンゲルス全集』第一巻、九二頁。

(4)「議会における戦争討論」『マルクス＝エンゲルス全集』第一〇巻、一八一頁。

(5) シェイクスピアは、狂気を意味する madness, lunacy, confusion, wildness, ecstasy 等々と区別し、また狂気を装うこととも区別し、正気の只中で思わぬものをつかまされることを「気の触れ distraction」(時代や状況を支配する通念に思わず呑み込まれる attraction の対語）という言葉で明示した。詳しいことは後述。

(6) ケルト人は、ローマ帝国出現以前の地中海と北海の沿岸地域を除くヨーロッパ全域を支配していたが、紀元後になってブルターニュ・ウェールズ・スコットランド・アイルランドに追い詰められた。アイルランドの「聖パトリック」は、カトリックの「煉獄」の守護聖人とされ、「蛇を追放した」という神話こそキリスト教にふさわしい。

(7) セルジュ・ユタン『錬金術』有田忠郎訳、白水社クセジュ文庫、一九七二年、九五頁。

(8) 同時代の錬金術は、「黒化」の腐敗から「霊」の復活を妄想していた（ユング『心理学と錬金術 II』池田紘一・鎌田道生訳、人文書院、九六―九頁、一九七六年）が、「老いた黒いモグラ」にたとえられた亡霊は「老いた錬金術師」として茶化されている。

(9) 錬金術の「第一質料」の特性として、ユングは「遍在性 Ubiquität」を挙げている（同前『心理学と錬金術 II』一四三頁）。「どこにでも《ユビク》」というラテン語は、「第一質料」のこの「遍在性《ユビキテート》」を暗示していたのである。

(10) エリアーデによれば、錬金術の祖の鍛冶師は鉱石は生きており断食などをして身を清めなければ鉱石の守護神が反感を示すと信じていたという（ミルチャ・エリアーデ『鍛冶師と錬金術師』エリアーデ著作集第5巻、大室幹雄訳、せりか書房、六七頁）。

(11) パンとブドウ酒がキリストの肉と血とに「全質転換」し聖体となるカトリックのミサの用語が「化体」。ユングはこれを錬金術の用語としており（前掲書、一一八頁）、マルクスは「価値」が商品の肉体を脱皮して観念的な金から現金になる「命がけの飛躍」に用いている（『資本論』新日本出版社、一七五頁）。

（12）渡辺一夫はアンリが「改宗常習者」であることを詳述している（『渡辺一夫著作集』第一四巻、筑摩書房、一九七七年）が、「ガリアのヘーラクレース」についてはフランシス・イエイツ『星の処女神とガリアのヘラクレス』（西澤龍生・正木晃訳、東海大学出版局、一九八三年）を参照。

（13）スティーブン・グリーンブラット『シェイクスピアの驚異の成功物語』河合祥一郎訳、白水社、二〇〇六年、九四頁。

（14）「ホレイシオ、天と地にはな、例の哲学 your philosophy には及びもつかないものがあるんだよ。」（一幕五場、一七四行）というハムレットのセリフは、おそらく当時の神秘主義哲学を揶揄したものであろう。

（15）ジャック・ル・ゴッフ『煉獄の誕生』渡辺香根夫・内田洋訳、法政大学出版局、二〇一四年、二九八頁。

（16）グリーンブラッド、前掲書、四四三頁。

（17）「娘さん、あなたの恋人とはっきり分かるその目印は?」「帆立貝のついた帽子に杖、サンダル靴の巡礼姿で。」「娘さん、その巡礼さんなら、とうに亡くなりましたよ。」（四幕五場、二三―九行）「いとしなつかしロビンは私の喜び Robin is all my joy。」（同、一八四行）。

（18）Robert Graves, The White Goddess, octagon books, 1978, pp. 70-3.

（19）キアラン・マーレイ「ディンシャナハスとアイデンティティ」『ケルト、口承文化の水脈』中央大学出版局、二〇〇六年、三二六―七頁。強調は引用者。

（20）田中仁彦『ケルト神話と中世騎士物語』中公新書、一九九五年、一五七頁。

（21）吉野裕子『蛇』講談社学術文庫、一九九九年。

（22）田中、前掲書、一五九頁。
（23）マーキュリーは錬金術師を助ける「家僕」つまり「紋章官」であると同時に「逃げようと機をうかがい欺きからかって錬金術師を絶望させるコボルト＝いたずら好きの家の精」（ユング、前掲書、九九頁）であったことに注意。
（24）ラテン語の quid pro quo は「何ものか《キド》」の「代わり《プロ》」に「何ものか《コ》」を思わずつかまされる皮肉なしっぺ返しを意味する演劇用語。

第2章　蛆虫女神と宇宙のみごとな循環
――戯曲『ハムレット』におけるケルト的なもの――

スコットランド「独立」運動の世界史的意義

二〇一四年、スコットランド独立の是非を問う住民投票の報道が世界を駆け巡った。投票結果は独立とはならなったが、二〇一二年のロンドン・オリンピックで盛り上がったイングランドも、一枚岩の国でないことが露呈されることとなった。

この問題に熱をこめて取り組んだ『東京新聞』は、独立運動のきっかけとして、鉄の女サッチャー首相による民営化（実は企業つぶし）への恨みを挙げている。例えば、欧州最大の電炉鋼製鉄所レイベンスクレイグが一九九二年に閉鎖され、一万二千人が職を失い、自動車、造船、炭鉱の閉鎖が相次いだという。新国家スコットランドの理想を掲げた「独立白書」には、北欧の福祉社会を理想として、「すべての三—四歳児が保育を受けられ、最低賃金も引き上げる。在宅介護や大学授業料は無料」と福祉の充実が謳われ、さらにスコットランドにある「クライド海軍基地からは核戦力を撤去して非核保有国」になるとの重い課題まで提出されているという(1)。

これは、新聞報道として、優れたものであるだろう。しかし、スコットランドがケルト文化圏に位置していることについて触れてはいても、その意義を掘り下げてはいない。そもそも、従来の西洋史は、極端なローマ・キリスト教文明中心史観に染め上げられ、ヨーロッパの基底にケルト文化があったことをずっと無視し続けるものであった。この史観は深く日本人まで呪縛しているといっても過言ではない。

ロンドンから西へ約一三〇キロ、ソールズベリー平原に、ケルトの巨石文化の遺跡・ストーンヘンジがある。直径三〇メートルくらいの小さな円の中に、数十もの巨石が立ち並び、その量感に圧倒される。年間、一〇万人が訪れる。この圧倒的な遺跡の建造の年代が特定されたのは、つい最近で、紀元前三〇〇〇年頃から一六〇〇年頃の後期新石器時代から初期青銅器時代だという。二〇〇二年の春、ストーンヘンジにほど近いエイムズベリーの町で、小学校建設のため遺跡の発掘がなされ、初期青銅器時代の墓の中から、男の人骨が発見される。遺骨の歯のエナメル質の分析から、驚くべきことに、この男はブリテン島ではなく、アルプス地方で育った人物であることが判明した。装飾品の金もヨーロッパ産、さらに副葬品の銅製ナイフはスペインと西フランス産の銅が使われていた。

こうして、ストーンヘンジの建造は、中欧から先進的な冶金技術とともに来訪した人たちの指導のもとになされたのではないか、と推定されるようになったのだ。これほどに、ヨーロッパも、つい最近になってようやくケルト文化の深層に気づくようになったのである。問題は、ストーンヘンジの岩の配置と太陽や月の運行との間に、注目すべき関連が見つかったことなのである。[2] ここに、陰暦と陽暦とをともに重視する高度な文化、ユリウス暦以来の太陽暦を正確で普遍的な暦として世界に押しつけてきたローマ文明と決定的に違う文化、東洋の陰（月）と陽（太陽）の文化に通じる文化が確認できる。

スイスなどヨーロッパの各地にケルトの遺跡が相次いで発掘されるようになると、フランスのブルターニュや、イングランドのウェールズ・スコットランド、アイルランドでは、ゲール語の復活運動まで起こってきたのだった。その延長線上に、スコットランド「独立」運動があったのである。したがって、「独立」の意義を掘り下げるには、ローマ文明とケルト文化との相違にまで踏み込まねばならなかったのだ。

その相違は、暦や言語にも明らかであるが、樹木崇拝の有無こそ決定的な相違ではなかろうか。ローマ文明は森林破壊の文明だ。森林を伐採し堅固な石の建造物を立て、自然を制圧しようとしてきた。これに対し、ケルト文化は樹木を崇拝する文化である。そうした自然への畏敬の念の深さが、石にも精霊が宿るとする文化を育み、信仰の対象としての多くの巨石が遺跡として残ったと考えられるのである。

蛆虫を「女神」と呼ぶハムレット

最近テレビで見知ったのであるが、東欧諸国で教会が木造である地域では、樹木崇拝のケルト的祝祭、「五月柱 May Pole」祭が今なおなされている。この事実からだけでも、ケルト文化は、東欧にさえあったのであり、わが国の諏訪の「御柱」にまで通底する文化であろうことが察知されるのだ。ここで私が強調したいのは、イングランド中部に生まれたシェイクスピアが「五月柱」祭に参加し、その体験を作品に生かしていたことである。

戯曲『ハムレット』は、一六〇〇年頃、ロンドンで初演されたが、当時、エリザベス女王のプロテスタント体制は、カトリック狩と乞食狩とに狂奔していた。カトリック教徒は見つけ次第処刑され、乞食も鞭打たれ抵抗すれば処刑された。若いシェイクスピアも、座付きの役者になれず河原乞食の旅芸人だったため、乞食として投獄される恐怖を味わっていたという。そのような凶暴なエリザベス体制は、「五月柱」祭も弾圧禁止していた。男根を象徴する「柱」を崇拝する異教徒の偶像崇拝などもってのほか、「柱」のまわりを男女あいまみれて乱舞する卑猥なモリス・ダンスは風紀を乱すというわけだ。ハムレットはオフィーリアとのやりとりの中に、この弾圧に抵抗する物言いを差し挟む。

オフィーリア　陽気でいらっしゃいますこと、殿下。
ハムレット　はあ、オレが。
オフィーリア　そうですとも、殿下。
ハムレット　そりゃそうさ、オレは名うてのモリス・ダンスの拍子取り jig-maker なんだから。人間陽気じゃなくちゃぁ。ほら御覧、母上のあの楽しそうな顔を。父上が亡くなってまだ二時間も経っていないっていうのに。
オフィーリア　いいえ、二月の二倍も経っております、殿下。
ハムレット　もうそんなに。……それにしても驚いたなあ、二月も前に亡くなってもまだ忘れられないなんて。するってぇと、大物の記憶だったら没後半年は持つかもしれん。もっとも、聖母マリアにかけて、それには教会をいくつか建てておかなきゃ忘れられちまう、張子の馬ホビー・ホース hobby-horse と一緒に。「おお悲し、おお悲し、ホビー・ホースも忘れられ」という墓碑銘どおりに。

（三幕二場）

柳細工の張子の馬ホビー・ホースは、モリス・ダンスの踊り手たちの腰に結わいつけられるものであり、ジグ・メーカー（拍子取り）のジグは、今なおアイルランドやスコットランドで踊られるダンスの八分の六拍子の活発なリズムである。ハムレットは、「聖母マリア」にあやかりながら男勝りの弾圧体制を敷き、プロテスタントの教会を建てては「五月柱」祭を墓穴に放り込むエリザベス女王を揶揄しているのだ。その墓の「おお悲し、おお悲し、ホビー・ホースも忘れられ」という墓碑銘こそ、弾圧への抵抗詩に他ならない。

さらに、「五月柱」祭と直接の関係はないが、ケルト文化と深くかかわったハムレットの物言いに注目しなければならない。五幕一場、オフィーリアの墓の場面。その墓が彼女のものとは露知らず、墓掘り人がこともなげにドクロを放り投げる光景を眺めながら、ハムレットは感慨を洩らす。それは、キリスト教徒には絶対にありえない物言いだった。ハムレットは、なんと蛆虫のことを「蛆虫女神 Lady Worm」と呼んだのだ。

神を出し抜くことができたこの策士も、今ではこんなロバの頭なみの男にふんぞりかえって頭を押さえつけられている。……そうだとも、それが今ではわが**蛆虫女神** Lady Wormに食われて顎なしのありさま、寺男＝墓掘り人の鋤にドタマをこづかれている。これぞまさに、みごとな宇宙の循環 fine revolution。ただ、われわれ人間には、これを見通す力がないだけのこと。……それを思うと、こっちの骨までうずいてくる。

（五幕一場。強調は引用者）

「運命の女神」がLady Fortuneである以上、「蛆虫婦人」などといった翻訳はありえない。蛆虫に神気を感じ「女神」とまで呼ぶハムレットは、蛆虫をきたない下等動物としか見ないキリスト教文明から、ずれていることに気づかなければならない。

プロテスタントであれカトリックであれ、近代のキリスト教徒は、樹木崇拝を偶像崇拝と決めつけ、お稲荷さんの狐信仰などアニミズムの低級な宗教として見下し、蛆虫など汚い異物を清掃することが神の御心に沿ったものだと固く信じている。蛆虫を「女神」などと呼ぶハムレットは、明らかにキリスト教にとって異教徒であり、ケルト的な存在なのだ。

ところで、先のハムレットの物言い「われわれ人間には宇宙のみごとな循環を見通す力がない」は、何を標的としているかを問題にしなければならない。

キリスト教徒のバイブル新約聖書の『ヨハネ伝』などには、ライ病患者や皮膚病患者、売春婦と触れ合う優しいイエスが描かれ、愛の宗教がキリスト教のように見える。しかし、そのバイブルの最後を飾り、キリスト教の本質を最終的に告げるはずの『ヨハネ黙示録』は、『ヨハネ伝』の敬虔な「洗礼者ヨハネ」ではなく、パトモス島に流され復讐心とねたみひがみに身を焦がしたヨハネの作品だ。この「パトモスのヨハネ」は、愛の神どころか怒れる凶暴な神を祭り上げ、サタンに従う異教徒に最後の審判を下し、世界の終末を暴く。地震や洪水や竜巻などの天変地異のことごとくに、神の怒りの「黙示」をあげつらい、世界の終末を「見通す力」があると誇示していた。ハムレットは、これを標的としていたのだ。

ちなみに、現国王クローディアスが送り込んだスパイ、旧友のローゼンクランツの「世の中はだいぶ正直になりました」という発言に、「すると、世の終わりも近いな」（二幕二場）と言い返したハムレットも、明らかに『ヨハネ黙示録』の終末論を皮肉っていたのである。このように、ハムレットは「目には目を、歯には歯を」という復讐の悪循環に陥ったキリスト教、復讐の毒にやられたカトリシズムとプロテスタンティズムとの宗教戦争と、きっぱりと袂を分かっていたのである。ところが、今なお世界を支配している『ハムレット』解釈は、復讐のテーマに呪縛されているのだ。

念のため、『ハムレット』に登場する兄弟、兄ハムレット（ハムレットの父）と弟クローディアス（ハムレットの叔父）の宗派的差異を、確認しておきたい。元国王の兄ハムレットは、一人息子ハムレットをドイツのウィッテンブルク大学に留学させた。この大学はマルティン・ルターが創建したプロテスタントの牙城である以上、兄ハムレットは少なくともプロテスタントに好意的な存在であろう。これに対し、現国王の弟クローディアスは、フランス好みで、側近の宰相ポローニアスの一人息子レアティーズ（オフィーリアの兄）にパリ遊学を許すほどのパリ崇拝者だった。パリは、昔も今も、カトリシズムが圧倒的に支配しているのだから、クローディアスはカトリックに友好的な存在であろう。

支配的解釈は、このカトリック的な弟とプロテスタント的な兄との兄弟げんかを想定し、暗殺された父親のために復讐するはずのハムレットを前提してきたのである。

デンマーク王子ハムレットは、煮え切らない愚図の代名詞にまでなっている。ああでもないこうでもないと悩み逡巡する人間は、「ハムレットのような奴」と批評されてきた。なぜか。叔父クローディアスによって暗殺（毒殺）されたことを父の亡霊から告げられ、父の死の「真相」まで知りながら父親の仇を討たず、復讐を延期し続けるからである。これが、世界中に流布しているハムレット解釈である。

しかし、この解釈は、「正義」の「崇高な」父を暗黙の前提とし、しかもとらえどころのない亡霊の物言いを「真相」を告げるものとまで決めつけたからこそ、可能になっているにすぎない。ところが、ハムレットは、まさに「正義」を体現しているはずの父親（元国王）を疑っている。父親は悪玉の叔父クローディアス（現国王）と同類の「政治屋の蛆虫」ではないかと疑っているのだ。疑うハムレットが、悩めるハムレットと見まちがわれてきたのである。

政治屋の蛆虫としてのエリザベス女王

そこで、蛆虫を「女神」と讃えるハムレットではなく、敵を食う「抜け目のない政治屋」を蛆虫にたとえて、その下劣さを暴くハムレットを問題にしたい。蛆虫を幾重にも複雑にたとえて使うシェイクスピアの言語戦略を味わおう。

四幕三場で、ハムレットは、蛆虫をさげすみながら、蛆虫のように人を食う人間を「政治屋の蛆虫」にたとえる。食っては食われる政治屋の蛆虫の中には、デンマーク帝国の国王（父と叔父）のみならず、イングランドのエリザベス女王までが含まれていることに注意すべきである。三幕四場、母の部屋、壁掛けの裏で立ち聞きしていた宰相ポローニアスを、ハムレットはそれと知らずに殺害してしまう。その死骸はどこにあるかとの現国王クローディアスの問いに、ハムレットが「夕食中」と答える珍妙な場面である。

クローディアス　夕食中だと。どこでポローニアスは夕食を食べているのか。
ハムレット　食べているんじゃない、食べられているんだ。抜け目のない政治屋の蛆虫どもpolitic wormsがある種の会議convocationに召集され、会食中にポローニアスの死骸を食っているのさ。なにしろ蛆虫wormってやつは、食事dietにかけてはこの上なしの皇帝様 only emperor だからな。われわれは、生き物を手当たりしだいに太らせては自分も太り、太っては思わず下劣な蛆虫野郎 maggot の餌食になっている。例の太った国王も例のやせこけた乞食も、目先の変わった蛆虫用の献立、同じ食卓の二皿でしかない。これで一巻の終わり。

クローディアス　何という馬鹿なことを言うんだ。

ハムレット　国王を食ったばかりの蛆虫 worm を餌として魚釣りをする人がいるだろう。だったら、蛆虫を食らったばかりのまさにその魚を、乞食が a beggar* 食うことになるかもしれないじゃないか。

クローディアス　どういう意味だ。

ハムレット　意味もへちまもあるもんか、国王が乞食の腸の中を御巡幸遊ばされる有様を言っただけのことさ。

クローディアス　ポローニアスはどこだ。

ハムレット　天国だよ。　（三幕四場）

＊この「乞食」を主語とするのは、「劣悪本」とされる異本・第一四つ折本、その「劣悪さ」を克服したと銘打たれた第二四つ折本では、「その人が a man」が主語になっている。しかし、私は、文脈から見て「乞食」を主語と見なす。

先ず第一に、歴史的事件への仄めかしを指摘しなければならない。一五二一年四月十七日、神聖ローマ帝国の「皇帝 emperor」カール五世が、ライン河に臨むドイツ西部の町ウォルムスWORMS（英語にすれば worms、つまり蛆虫ども、となる）の「帝国議会 Diet」（英語の小文字の diet＝食事とかけている）の「会議 convocation」で、マルティン・ルターを裁いた。ルターは自説の撤回を拒否し、帝国追放の刑を宣告される。この歴史的事件を活用して、シェイクスピアは、カトリックのこの上なき蛆虫皇帝カール五世が、「帝国議会 Diet」の「会議」で、プロテスタントのルターを食いものにしたことだけを仄めかしたのだろうか。そんなことはない。

第二に、帝国議会の会議で「食事 diet」の献立に出され、政治屋の蛆虫に食われたものが、宰相ポローニアスの死体であることに注意しなければならない。ハムレットに誤って殺されたポローニアスは、元国王にも現国王にも媚びへつらう抜け目のない政治屋の蛆虫だった。だとすると、ポローニアスと重ねられたルターも、同類の政治屋の蛆虫だということになろう。

第三に、釣り人の餌とされる「国王を食ったばかりの蛆虫」には、「正義」の父と見なされがちなハムレットの父王も含まれることを、強調しなければならない。兄の元国王を食ったばかりの現国王クローディアスだけが蛆虫なのではないのだ。一幕一場で、氷上の和平交渉で丸腰のポーランド人をめったうちにしたという噂、隣国ノルウェーの国王フォーティンブラスを決闘で殺害し食いものにしたという噂が紹介されているように、ハムレットの父王も凶暴な蛆虫だったのだ。叔父と同時に父も、人を食う政治屋の蛆虫として疑っていたハムレットの姿を、ここに確認したい。

第四に、乞食の腸の中を巡幸する国王が、食事 diet にかけては「この上なしの皇帝様 only emperor」たるエリザベス女王への皮肉な当てつけであったことを、声を大にして強調しなければならない。

夏になるとエリザベス女王は、イングランドの各地を巡幸し、地方の貴族蛆虫たちにしゃぶりつき散財させ苦しめた。少年シェイクスピアはそれを目撃している。巡幸する蛆虫女王は、貴族蛆虫を食っているつもりが、蛆虫を餌食として太った魚と同じ運命をたどり、乞食に食われ「乞食の腸の中を巡幸」するというのである。まさに、乞食の腸のなかの「蛆虫」こそ、近年医療現場でも注目され始めた「腸内共生菌」に該当する。この腸内の蛆虫は、食っては食われるばかりでなく、やせた乞食を太らせ、宇宙のみごとな循環を体現する「蛆虫女神」だったのだ。

ところで、乞食を自称するハムレットが、デンマークは「最悪の牢獄」だとし、乞食を本体とし王をその影とした時も、ヘーラクレースのように異物や近隣諸国をねじ伏せてきた父王とともにエリザベス女王が揶揄されていたことに、気づかなければならない。

デンマークは牢獄だ……乞食が本体で、わが君主たちやヘーラクレースのようなしゃしゃり出る英雄は乞食の影ということになる。（二幕二場）

元国王の父は、隣国ノルウェーばかりでなく、ポーランドやイングランドをヘーラクレースのように制圧し食いものにしてきたという噂が広がったほどに、凶暴な蛆虫だった。だからこそ同類の「抜け目のない政治屋の蛆虫 politick worm」（四幕三場）の叔父に食われたのではないかと、ハムレットは疑わざるをえなかった。現に、ハムレットが「見て」しまった父の亡霊は、「正義」の「崇高な」王であることを誇示し、婚儀の誓いを守り通したのに妻（ガートルード）に裏切られたと泣き言を言いながら、「生前に犯罪の花を満開にさせていたとき」不意を衝かれて王位と妻と命を奪われたと告白するだけでなく、梅毒のために全身をカサブタに覆われたと「下劣さ」を暴露してしまうのだ（一幕五場）。後述するように、ハムレットは、父を疑っていたからこそ、このように自己暴露する父の言葉を幻聴し、父の亡霊との対話の幻想の中で崇高なようで下劣な父の姿を幻視してしまうのである。

ちなみに、『ハムレット』の舞台はデンマークということになっているが、これはエリザベス女王の監視の目を逃れるための方便であった。イングランドの話題が満載されている以上、イングランドが『ハムレット』の舞台であり、隣国ノルウェーは隣国スコットランドの替え玉であった。映画などでは削除されているが、五幕二場、毒がまわって死を覚悟したハムレットの遺言は、「隣国ノルウェーの王子フォーティンブラスがデンマーク国王に選ばれる」という破天荒な遺言であった。だが、ロンドンでの『ハムレット』初演から三年後の一六〇三年にエリザベスが亡くなり、その後イングランド王となったのはスコットランドのジェイムズ一世であった歴史を見れば、ハムレットの遺言は、歴史の預言でもあったことが分かる。いずれにせよ、隣国ノルウェーは隣国スコットランドであり、『ハムレット』には、スコットランド問題がケルト文化圏の問題の一つとして顔を出していた。

マーキュリーに変身するハムレット

拙著『マルクスとハムレット』(藤原書店)は、こうした食っては食われるプロテスタントの元国王とカトリックの現国王との「宗教戦争」(復讐の回路)に明け暮れるキリスト教から思わずはみ出してしまうケルト的色彩の濃厚なハムレットを浮き彫りにしようとした。そこで、そのケルト的色彩の濃厚なハムレットに改めて光を当てよう。

先ずは、父の亡霊と「対話」して戻ってきたハムレットが、学友ホレイシオに向かって、「聖パトリックにかけて誓う」と語ったことに注目しよう(一幕五場)。

「聖パトリック」とは、アイルランドの守護聖人である。現代ではカトリシズムに習合されカトリックの聖人と信じられているが、もともとはケルトの聖人であった。そもそも「聖パトリック」は、デンマーク人だったら絶対に語らない誓いの文句であり、イングランド人であったらまちがいなく「聖ジョージにかけて誓う」と言うべきところである。それゆえにハムレットは、イングランドの聖人にではなく、ケルト文化圏のアイルランドの守護聖人にかけて誓っているると解すべきであると、後の文脈を考慮した上でも言えるのである。

このハムレットの破格の物言いに、イングランドの解釈者も日本の解釈者も驚いていないのだ。聖パトリックをカトリックの煉獄の守護聖人だと固定的観点からしか見ずに、アイルランドから蛇（＝クローディアス）を追放したなどと解釈して済ましているのである。しかし、キリスト教がサタンとした蛇こそ、ケルトの神マーキュリーの杖に巻きついた再生のシンボルである以上、こうした解釈そのものが蛇とともにケルト文化を思わず知らず追放してしまっているのである。ことほどさように、ハムレットのケルト性を打ち消す衝動が近代的解釈についてまわっているのだ。しかし、ケルトの巡礼の神マーキュリーに変身するハムレットを発掘することによって、私はこうした従来のハムレット解釈の近代性を明るみに晒し、戯曲『ハムレット』の奥深さと閉塞した近代社会を切り開く希望とを見ようというのである。

父親の亡霊と別れた直後、ハムレットは自分の身体をミクロコスモスのグローブにたとえ、

「この気の逸れた・悶える球体《グローブ》 this distracted globe」（一幕五場）と形容する。『ハムレット』が初演されたロンドンの「グローブ＝地球」座のロゴが、地球を担ぐヘーラクレース（イングランド）であったことを思い起こせば、ローマの神ヘーラクレースの肩に担がれながら「気が逸れて悶え」、ケルトの神マーキュリーに変身するハムレットが浮かび上がる。というのも、「球体＝グローブ」は、錬金術では金属の父・硫黄と金属の母・水銀とを結婚させるレトルト、つまり「マーキュリーの容器」であったからなのだ。

蛇の巻きついた杖をつき翼の生えたサンダルを履く巡礼・遊行の神マーキュリーは、太陽の世界に翼で飛翔すると同時に、蛇のように月の世界（地下世界＝陰の世界）に下る。言い方を換えれば、マーキュリー（ヘルメス）は、東洋の陰陽の世界に通じ、陰暦を陽暦とともに重んじるケルト世界（巨石文化）に通じ、石にも樹木にも霊が宿ると信じる世界に通じている。

また、ハムレットが、一夫一婦制の欺瞞的な夫婦の誓い（キリスト教）を、月の女神アルテミスを示唆する「蛆虫の木＝蛇草＝ヨモギ worm wood」を呪いの言葉のように二度唱える場面がある（三幕二場）。ヨーロッパのヨモギが、マーキュリーの蛇と結びつく「蛇草」であり、ハムレットが女神と呼んだ「蛆虫」の草であることが、決定的に重要なのだ。英語の worm が「蛇」と「蛆虫」を意味することに留意されたい。さらに、ヨモギの属名がアルテミシアで、月の女神アルテミスに因むものであり、古来ヨーロッパの民間では魔除けの聖なる草であった(3)。

これらを踏まえると、蛇の巻きついた杖をつき、月の女神アルテミスやヘカテ（月の三体、新月・満月・欠け月を体現する）が支配する地下世界・陰の世界に下るマーキュリーが、ヨモギの裏に垣間見られる事となろう。ハムレットの呪いは、ケルトの月の女神「ヘカテの三度の呪い」（同前）に呼応するものでもあると言える。まさに、そうしたハムレットであるからこそ、政治屋の蛆虫が「下劣」と軽蔑する蛆虫を、「女神」と呼ぶのである。

身の内にまつわりつく亡霊的他者

最後に、「弁証法」という言葉を流行させたヘーゲルの自己意識論に関わる問題について触れたい。

ヘーゲルは、『小論理学』の予備概念という項で、衣服の起源は、恥という感情にあり、この感情は「意識の自己分裂」がなければ生じないという卓見を披露している。分かりやすく言い換えれば、人間は、自分の内部が自分と他者とに分裂し、自己内の他者に見られていると感じるからこそ恥ずかしいと思うということなのだ。ヘーゲルは、この人間の自己分裂を意識の発展の契機とし、絶対知の高みから弁証法（自己と他者とのやり取り）的展開を描いて見せた。要するに、意識の悶えに沿って自分が悶えるのではなく、哲学者の高みから悶えを解決してみせようという尊大さに陥っている。

ところが、シェイクスピアは、哲学者に操作されるような他者ではなく、哲学者にとっても意識自体にとってもつかみどころのない「亡霊的他者」を演出したのである。ハムレットの内部に出没した「崇高」そうな父親の亡霊こそ、つかみどころのない「亡霊的他者」であった。問題は、ハムレットの身の内にまつわりつく「亡霊的他者」と類似した亡霊が、現代のわれわれの内部にもまつわりついていることなのである。

『ハムレット』の一幕をしっかり読めば、見張りの兵隊たちや学友ホレイシオが、隣国の若造フォーティンブラスが大軍を率いて襲ってくる危機的状況の只中で、疑心暗鬼に駆られて幻視したものが「亡霊」であって、かれらの視界の外部から出没するものでないことが分かる。例えば、ホレイシオは自身が生まれてさえいない三〇年も前、ノルウェー王との決闘の際の、決して見たことのない甲冑姿の元国王の亡霊を、「見た」と語る。これは噂を聞いて想像した亡霊でしかない。ハムレットに出没し、語りかけてくる父の亡霊も、ハムレットが聞いた噂で織りなされていたのだ。それなのに、演出は例外なしに、父の亡霊の役者を立て、それを「見た」人の幻想とは独立した実物にしてしまっているのである。シェイクスピアの鋭さは、亡霊がわれわれの内部にまつわりついているものであること、それでいてつかみどころのない不気味なものであることをリアルに描いたところにあったのだ。母ガートルードの部屋で、叔父と再婚した母をなじり、父を絶賛しているようにしか聞こえないハムレットの意味深長な物言いを参照しよう。

この絵姿を御覧なさい、母上。眉にみなぎる何という気品、太陽神ヒューペリオン〔ギリシアのアポロン〕の巻き毛、神々の神ジュピターの秀でた額、三軍を叱咤し指揮する〔好色な〕軍神マルスそっくりの鋭い眼光、天に届くほどの山頂に降り立ったばかりの紋章官・マーキュリー the herald Mercury さながらの立ち姿。いずれの神も太鼓判を押して、これぞ男の鑑と世界に保証するほどのお方、これが母上あなたの夫だった人だ。（三幕四場）

父を「偉い」人、立派な人と尊敬する息子が、「偉い」迷惑と感じている場合と同じように、ハムレットも父を絶賛しながら、父の悪い噂から常々抱いていた疑念を思わず知らず洩らしてしまったのではなかろうか。ハムレットは、父の描写の代わりに、思わず「紋章官」とマーキュリーとに「分裂しかかった」自分の描写をつかまされている。この台詞には、ヘーゲルのようなすっきりとした自己分裂ではなく、「正義」の父という亡霊的他者にまつわりつかれながらの、本人にも他人にもほとんど気づかれないハムレット王子の「分裂」が描かれていたのだ。

このような「分裂」しかかったハムレットは、一幕五場の有名な父の亡霊との対話にも描かれている。父の亡霊は、弟に暗殺されたかのように、ハムレットに語りかける。この「対話」

は、深夜に個室で孤独に「自己対話」しているようなものであり、父の亡霊は、あくまでハムレットの身の裡の幻想であることに注意されたい。

ワシは、庭園で眠っておった。午後そうするのが習慣だったのだから。その隙をねらって、そなたの叔父が、呪われたヘベノンのジュース juice of cursed Hebenon を瓶に入れ忍び込んだのだ。そうして、そのライ病をもたらす蒸留液を、耳栓だらけのワシの両耳に in the porches of my ears 本当に注ぎこんだのだ。その蒸留液の効き目は、人間の血液と反目するほどのもので、人体の静脈動脈のことごとくを、**水銀** quicksilver のように駆け巡り、たちまちのうちに……〔梅毒で〕やせ細って健全な血液 the thin and wholesome blood を凝結させたのだ。ワシの滑らかな全身は、醜くもおぞましいカサブタに覆い尽くされた。……こうして、ワシは、午睡のさなか、弟の手によって、生命も王冠も妃も一時に奪われ、罪の花が満開のさなかに不意を衝かれ、……ワシの頭はありとあらゆる欠陥をいただいたままに、最後の審判に突き出されたのだ。恐ろしい、恐ろしい、なんと恐ろしいことか。

（一幕五場。強調は引用者）

これは、父王の耳に毒液を注いで暗殺した悪玉クローディアスを仄めかす物言いであるとこれまで解釈されてきたものである。ところが、驚くべきことに、その悲劇の父王こそ、生前、犯罪の花を満開にし、あらゆる欠陥をいただいた大悪人だったと自白していたのである。しかも、ここには「毒」という言葉など一度も出てきてはいなかったのだ。

ヘベノンは、シェイクスピアの造語で、同時代のライヴァル作家クリストファー・マーロウの『マルタ島のユダヤ人』という露骨なユダヤ人差別の作品に出てくる、口に入れるべき毒液「ヘボンのジュース」を、「耳栓だらけの両耳」に注ぐべきジュースに、ヘボンをノンで否定してヘベノンに変えたものである。耳栓でふさがれた父親の「両耳」に注がれるものは父の悪い噂を意味しているに違いない。それ故に、「呪われた」ヘベノンのジュースは、後につづく台詞の中で即座に果汁とは無縁のらい病をもたらす「蒸留液」にすり替えられ、揮発性の「水銀」にさえすり替えられたのである。

「水銀」は mercury なのだが、ここに登場する「水銀」quicksilver は、「生き生きとした銀」という意味である。現代では「素早い」しか意味しない quick の意味の古層には、「生き生きとした」という意味があり、錬金術の伝統では、生き生きとした銀「水銀」は金属の母であった。その母性的な「水銀」にハムレットは変身し、父の体内どころかデンマーク帝国を駆け巡り、父が聞きたくない悪い噂をデンマークの「耳全体 whole ear」（亡霊の物言い）に伝えるマーキュリーに思わず変身していたのだ。当時のイングランドの宮廷では梅毒が猛威を振るい、エリザベスの父ヘンリー八世も梅毒患者だったが、全身をカサブタに覆われる病気はライ病ではなく梅毒だった。したがって、マーキュリーに変身したハムレットは、梅毒にかかったという恥ずべき父の噂を筆頭として、父のかずかずの欠陥の噂を伝えてしまっている。だから、父の亡霊は「恐ろしい」を三度も繰り返したのである。だが、ハムレットは、自分がマーキュリーに変身したことに気づかず、父の悶える姿しか「見て」いないのだ。

ここにも、分裂しかかってはいても分裂しきれず、自分の悶えを父の悶えにすり替えるハムレットの姿が見られ、かつまた、そうであるからこそとらえどころのない父の亡霊がハムレットにまつわりついていたのである。

ハムレットの有名な独白、従来「生きるべきか、死ぬべきか、それが問題だ」「このままでいいのか、いけないのか、それが問題だ」と翻訳されてきた三幕一場の独白は、父の正義を前提とした道徳的な「べき」論に屈服した誤訳だった。そうではなく、まさに亡霊的存在の総体のとらえどころのなさ不気味さを意味した独白だった。だから、私は「あるのか、ないのか、分からない＝疑問だ」と翻訳するのである。To be, or not to be, that is a question の「疑問＝クエスチョン」は、決して「問題＝プロブレム」と訳してはならなかったのだ。

ガンを抗癌剤と放射線でねじ伏せる「崇高な」医者や医薬品メーカー、タバコ狩りを推進する国際的な専門家たちは、われわれの身のうちにまつわりつき監視し指導するヘーラクレース的な「亡霊的な他者」に他ならない。この「崇高な」他者の「愚劣」「下劣」に気づくことはきわめて困難ではあるが、それは、路傍に顔を覗かす「ヨモギ」のように、思いのほか身近にある宇宙のみごとな循環に触れるような場、緩やかな「もやい」の場を紡ぎだすことによって、私たちの向かう先を少しずつ変えてゆくものとなるかもしれないのである。

注

（1）『東京新聞』、二〇一四年九月十二日からの三回連載記事。

（2）山田英春『巨石――イギリス・アイルランドの古代を歩く』早川書房、二〇〇六年、一四一―四一頁。

（3）先に触れた『ヨハネ黙示録』は伝統的に聖草とされてきたヨモギを、なんと致死性の毒草「苦ヨモギ＝アプシンティオン＝チェルノブイリ」（八章一三節）にまで捻じ曲げ、苦ヨモギが流された河の水を飲んだサタンの手下の異教徒は死ぬと預言した。こうした世界の始まり（アルファー）と終わり（オメガー）とを見通す『ヨハネ黙示録』の傲慢な終末論に、そんな「見通す力」なんてないと、ハムレットは皮肉を突きつけたのだ。アレキサンダー大王も土に帰り酒樽の栓になり（五幕一場）、ヘーラクレース的なジュリアス・シーザーも粘土となって隙間風をふさぐ穴ふさぎになる（同前）と、ヴァルカン〔火と鍛冶の神〕的想像力（三幕二場）をふくらませるハムレットこそ、ケルト的なのである。百姓・赤峰勝人氏は、害虫を「神虫」と呼び、雑草を「神草」と呼び、「循環農法」を実践するかぎり、東洋のハムレットなのだ（赤峰勝人『ニンジンの奇跡』講談社＋α新書、二〇〇九年）。

〈コラム〉断食で生まれ変わる

なぜ断食したのか

小学生のとき、私は十二指腸潰瘍だと診断され、何週間も減食を強いられた(1)。食パンの耳を食べてはいけないと医者に言われ、耳が食べたくて悶えるような餓鬼道に陥る。以来、胃弱と思い込んで、キャベジン・コーワのような胃薬の常習者となり、胃弱の漱石を同志と感じ愛読するまでになる。学園闘争で悩み、大学院に入って何をしたらよいか分からなくなり心身を病む。ノイローゼで十二指腸潰瘍だということになった。酒を飲んで吐いてもまた飲むような馬鹿をやっているうちに、運命の出会いをする。断食の指導に長けた遊《ゆ》行者《ぎょうしゃ》に、断食を勧められたのだ。

一週間水だけですごすと言われた時、私は正直いって恐怖を感じた。遊行者は、すかさず、野生の熊は大怪我をしたとき断食をするのだと宣《のたま》う。そうだ、熊は冬眠さえするではないか。英語の「朝食 breakfast」が「断食《ファスト》を破る《ブレイク》」ということは、インドと同じように欧米にも断食の伝統があったはずではないか。理屈が先に立つ私は、こうして、断食を決行した。医学部で先頭に立って闘っていた医者たちは、そんなことをしたら脱水症状をきたすと馬鹿にしたが、歴史的伝統を思って振り切った。

断食の偉大な効能

断食は、誰にでも勧めることができるものではないと思っている。失敗したら死を招く。そう脅かしておいて、偉大な効能を説くのが私のいつものやり方なのである。はっきり言って、四日目から断食反応が始まり、二五歳の私は何も口にいれていないのに昼夜を分かたず三日間断続的に嘔吐し続けた。口に手を突っ込み吐く前に吐こうとするほどに苦しんだ。今から思えば、これは若さゆえの生命力あふれる反応だったのだ。かの指導者は、一緒に断食している人々も苦しんでいると諭《さと》した。彼らと共に昼間は何キロもそろそろ歩き、朝夕に般若心経を誦《じゅ》すことは、嘔吐の苦しみを和らげてくれた。こうして、私は生まれて初めて、医者や薬に頼ることなく、仲間の気の渦に巻き込まれつつ本格的に自分の身体と向き合ったのだ。満願七日目の朝、嘔吐を感じることなく目にしたお天道様のなんとすがすがしかったことか。医者のことばを敢えて使えば、私の十二指腸潰瘍は「完治」していたのだった。

断食の成否は、事後の食養生いかんにかかっているといっても過言ではない。重湯を何度も咀嚼することから始める。数日経つと、顎が痛くなる。それほどに、普段はものをよく噛んでいないことを思い知らされる。一週間で普通のご飯になるのだが、ただゆでただけのジャガイモやニンジンのなんと甘くおいしいことか。焼き味噌のなんと味わい深いことか。赤子のような舌は、ものの味を本当に味わう。以来、私はケダモノのように、自分の味覚や嗅覚を第一とするようになった。苦味や辛みも、身体が受けつけるものをよしとするようになったのだ。赤子のような内臓が受け付けるものだけを食しているうちに、私は「料理」というより「食べごしらえ」[2]という石牟礼道子さんの言葉にふさわしい食のあり方を実感する。食材を加熱し料理し味つけしてねじ伏せるのもいいが、なるべく季節の食材を生かし発酵させて味わい、他人のみならず自分をさえ歓待することを重視するようになった。スーパーより対面販売の小売店で季節のものを買うことを好み、昆布と煮干でだしをとり、ぬか漬け塩漬けラッキョウ漬けをし、梅干を毎年漬けることになった。これが今日の私の食養生の基本となったのである。

効能はさらにある。断食後、朝は鳥の鳴き声とともに起き、暗くなると眠くなる。睡眠時間は四時間ほどで済み、ぐっすり寝てすっきり起き、日中眠くなることはまったくなかった。要するに、自律神経がまともになったと感じたのだ。仕事がきつくなり、大食すると、たちまち調子が狂っていると感じるので、自戒して養生を心がけるようになった。逆に言えば、多少無理して具合が悪くなることをむやみに恐れず、回復を焦らず、身体とじっくり向き合うことになった。

　決定的なことは、東洋医学に目覚めたばかりでなく、西洋一辺倒の近代化を根源的に克服しようとの構えをつかんだことである。西洋の文化を否定するのではなく根底から理解することで、日本の伝統文化を理解しようと思い立ったのだ。シェイクスピアに入れ込みながら能をやるようになり、プリニウスの『博物誌』を読みながら鍼灸《しんきゅう》の手ほどきを専門の鍼灸師から受けることになったのもそのためだった。今では、野口晴哉《はるちか》が創始した整体の活元運動[3]を実行しているが、鍼《はり》をうち灸をし指圧をし、中国の古典（『黄帝内経《こうていだいけい》・素《そ》問《もん》』など）を読み本草学を学んでいった。わが子たちは、具合が悪くなると寄ってきて私の指圧を受けるということになったのだ。

　私は、よほどのことがなければ体温も体重も計らない。まして血圧は測ったことがほとんどない。近代医学の医者にかかったとすれば歯科医ぐらいなものである。しかし、毎日自分の大便小便の様子には注意し、重大なバロメーターとしている。断食後に出た大便は、悪臭がなく黄色で切れ目がなくトグロを巻いていた。千島喜久男（一八九九―一九七八）は、生命の根源は歪み（非《ア》ー対称性《シンメトリー》）からくる「螺旋《らせん》」[4]であると見抜いていたが、便のこのトグロこそ生命の証なのだ。悪臭を放つ黒ずんだ便は、腸の根腐れの徴候であり、腸内が異常発酵し血液の濁りをもたらすことを警告している。精密で高額な医療器具で測定し、数値で病気を判断している近代医学の医者たちを信仰し、金を払えば健康になれると盲信して医者に身を任せる前に、便に注意すべきである。

断食や小食を重視する千島喜久男理論

断食後、千島の名前を時々聞くことがあったが、著作を読む機会はなかった。最近になって友人から勧められ、著作集全五巻を熟読し始めた。分かったことは、千島が普通の医者と違って断食や節食を若返り法として重視していることだった。まともな農民が土づくりこそ根腐れを防ぐ要諦であることを知っているように、人間の根である小腸の状態、腸内微生物の生息がどうなっているかを重視するのがまともな養生の基本であろう。腸を造血の場とする千島は、害虫を農薬で一網打尽にせずミミズやカエルやクモなどと共生する農民と同じように、腸内微生物との共生を強調する。そして、まさに腸内環境を整えるのが断食や節食だというのだ。

「……断食や減食は体内に蓄積している過剰栄養分や有害老廃物を体外へ排出し、また組織を血球へと逆分化して若返らせるから体の組織や細胞を一新し、若返りに役立つ」「多くの病気は美食、大食が原因であるのに反し、断食、半断食、減食（断食のなしくずし）が、心身の健康、美容、自然良能を助ける(5)……」

千島理論の顕著な特色として、他の生物から学び、生物学や博物学や医学のみならず哲学や歴史から広く学ぶということが挙げられる。実際、彼は動物の本能から学べという。

「傷ついた野生の動物や病める動物は食を絶ち、静かに横臥している。彼らの本能がそうさせているのである(6)。」

千島は、古代の宗教がそろいもそろって断食してきた歴史を挙げ、戦時中は食糧不足でかえって慢性病が少なかった例など数々の歴史的事実を経巡り、こう結論する。

「要するにわれわれ現代人は必ずしも宗教的断食や傷ついた動物の断食をそのまま真似るというのではない。断食のもつ良さを賢明に悟り、必要に応じて断食するのはよいが、一般人がいつでも実行できるのは」「なしくずしの断食としての節食・小食である。」「これを日常生活に採り入れ、いわゆる食事の三S主義（小食・菜食・咀嚼）を努めて実行したいものである。[7]」

最後に、コーカサス地方の長寿村を訪ねての千島の感想に触れたい。

「自然に親しみ、自然を愛し、素朴、野生的、田舎臭く小事にこだわらない神経の太さがうかがわれる。これは良い意味での民族の若さと、バイタリティーを示すものとして、われわれの大いに学ぶべき一面ではなかろうか。[8]」

千島は、「気」と「血」と「動」（運動）との調和を大原則としている。私は、あの断食から、元「気」をいただき、人々と「気脈」を通じさせることの意義を学んだのだ。患者をガンだ、高血圧だ、糖尿病だと診断して怯えさせ、気力をなえさせる現代医療は深く千島に学ぶべきではなかろうか。

遊行としての人生

私は、断食が「行《ぎょう》」であることに気づいた。当初は、健康法の一種ぐらいに軽く考えていたのだが、ガンディーがはだしで塩の行進の先頭に立ち、糸車による糸紡ぎを広め、断食してイングランドの帝国主義的支配に抵抗していたことが「行」であることに気づいたとき、断食のみならず人生が「行」であることに思い至る。ただ、キリスト教の父ヒエロニムス（三四七―四一九）の書簡[9]を読み、彼が断食を禁欲の苦行、肉欲を絶つための手段としか考えていないことを知り、「行」は禁欲とは違うと思った。禁欲はあくまで我を張ったものに思えた。わが国の伝統としての「修行」「荒行」「苦行」にも馴染めない。そんなとき、石牟礼道子の『おえん遊行』[10]を読み、宮本常一の『伊勢参宮』[11]や真野俊和《まのとしかず》の『日本遊行宗教論』[12]を読んで、中世のいわゆる「聖《ひじり》」「遊行僧」の存在を強く意識するようになった。遊行者とは、放浪する芸能者でもあり、草木を熟知する山伏のような薬師《くすし》でもある。私は、医の現場には、専門家として腕を誇る「名医」ではなく、このような人の気に触れ、芸能を楽しみ、共に人生を行として歩む「遊行者」こそ、今決定的に求められていると思っている。ている。治してやろうという生真面目は、「地獄への道は善意で敷き詰められている」という英独の諺[13]の警告を聴く耳を持つだろうか。「タバコは百害あって一利なし」と断定するヒステリーは、今やウイルスを悪玉と決めつけるヒステリーにまで過激化している。わたしたち「人類」は、微生物のおかげで生かしていただいていることに気づかないうちは、怯え続けるほかないのではなかろうか。

注

（1）かつての医者は、高圧的な指導をしていたとはいえ、「減食」も治療法の一つとしていたのだ。ちなみに、フランスでは現在「断食」を治療法としているところがあるという。アメリカの医学（それもその一面）に偏し医療産業と癒着した現代医学は、他国からも、自国のかつての伝統医学や戦前のドイツ医学からも、さらに自国の民間医療からも学ぶべき時に来ているのではなかろうか。

（2）『食べごしらえ　おままごと』（『石牟礼道子全集　第一〇巻』藤原書店、二〇〇六年所収）。レシピとは無縁の石牟礼流の「食べごしらえ」は、人生そのものである。

（3）野口は風邪はゆがんだ身体をリフレッシュするもので、「治す」のではなく「経過させる」べしとする（『風邪の効用』ちくま文庫）。なお、身体の渦に身を任せるだけの「活元運動」は、

『整体入門』（ちくま文庫）に写真つきで紹介されている。
（4）千島は、「私は、生命現象の波動と螺旋に初めて着想して以来、生命を含めた全宇宙の存在はその根底に a-symmetry 不相称（歪み）をもち、それが集まり・溶け合い・発展する過程と、その反対の分散・退化・死の過程を交互にくり返すものと考えるようになった。その結果はラセン運動、その固定化したものがラセン的形態であると考えるようになった。」（『千島喜久男選集』地湧社、第一巻、一二七頁）と述べている。
（5）同前、一八頁。
（6）同前、三六四頁。
（7）同前、三六五頁。
（8）同前、二九五頁。
（9）マルクスが『資本論』の価格論で引用した書簡一二一（平凡社『中世思想原典集成』第四巻、『初期ラテン教父』の荒井洋一訳）。
（10）『おえん遊行』（『石牟礼道子全集 不知火 第八巻』藤原書店、二〇〇五年所収）。これはもっと読まれるべき傑作。
（11）宮本常一『伊勢参宮』（社会思想社、現代教養文庫）。お伊勢参りやお遍路さんの伝統の底には遊行があること、遊行が人生そのものであることを教えてくれる名著。
（12）吉川弘文館、平成三年刊。
（13）マルクスは『資本論』の剰余価値論で、この諺を引用している（新日本出版社、第二分冊、三二六頁）。

〈コラム〉医の源に手当てと食養生あり

蚊から教えられたこと

蚊に刺され痒みに耐えられず、思わず掻いてしまう。これが手当てでもあることに、私は気づいた。近代医学は、蚊に刺されることに、病原菌の伝染というマイナス・イメージしか抱かない。しかし、古くさい鍼灸・按摩療法を学んだ私は、掻いた部位が、みごと経絡の流れに沿っていることに気づく。蚊は鬱血《うっけつ》した部位が血を吸いやすい部位であることを本能的に察知し、食らいつく。同じ場所に居て、蚊に刺される人とそうでない人とがいるのも、鬱血の多少が関係しているのではないか。掻くことによって鬱血は軽減する。だから手当てなのだ。この反応としての手当てに対し、鬱血した部位を刺す蚊の営みは瀉血《しゃけつ》である。これも、一種の手当てになっている。蚊に刺されるまでもなく、鼻血が出たり、オデキができたり、等々にも治療効果のようなものがあるのだから。

瀉血療法の東西の違い

かつて瀉血療法というものがあり、蛭《ひる》を使ったりしていたように、蚊が刺すことも瀉血であることは疑いない。ヨーロッパにも床屋医者が瀉血していた時代があった。今の床屋の、あのグルグル回る目印の赤は動脈血、青は静脈血、白は包帯を象徴しているとか。床屋医者は大量の血液を瀉血したそうだが、そうした切った・貼ったの伝統がメスによる手術と輸血(実は危険)の思想を生み出したのかもしれない。ところが東洋の瀉血は、蚊が吸い取るほどの微量の瀉血なのだ。現に、私は急性の咽喉炎には、瀉血で対処している。手の親指の爪のつけ根の小商というツボ(太陰肺経)に縫い針で傷をつけ微量の瀉血によって、驚くほど急速に喉の痛みがなくなることを何度も体験している。北海道大学医学部によるアイヌの古老からの聞き取り調査によれば、幼児の肺炎は肛門に刃物で傷をつけ瀉血して癒していたという。肛門が肺と関連があることを、アイヌの伝統は熟知していたのである。身近な蚊のような生類《しょうるい》から彼らも学んでいたに違いない。

聖草ヨモギと百草

つい最近まで、「蚊遣《や》り」という言葉が生きていた。だが、高度経済成長以降、憎き害虫はことごとく化学物質の除虫剤によって撲滅されるようになって、「蚊取り」が支配的になった。「蚊帳《かや》」に象徴されるような蚊にあっちに行っていただく慎ましい文化は、窒息しかかっている。「蚊遣り」といえば、ヨモギが使われていた。ハムレット王子は、人間の死骸を大地に返す「蛆虫《ワーム》 worm」のことを、宇宙のみごとな循環に従う「蛆虫女神 Lady Worm」（五幕一場）と呼んだが、日本のヨモギに当る「蛆虫草 worm-wood」（三幕二場、ワームには「蛇」の意味もある）を口にする。決定的なことは、「蛆虫草＝蛇草」の属名がアルテミシア、つまり月の女神アルテミスに因むものであることだ。ヨーロッパの民間やケルト文化圏では、ヨモギはその独特な香りから魔除け虫除けに使われた聖草であったのに、キリスト教は毒草の「苦ヨモギ」と見なし、月の女神アルテミスやヘカテを魔女として圧殺した。私はといえば、ほろ苦い蓬餅を味わい、胃薬として生葉を食し、蚊遣りとして活用している。沖縄では「フーチバ＝ヨモギ」は今なお野菜である。また、ヨモギの葉を干し臼でついてできるモグサ（「燃え草」の意らしい）はお灸に使われる。かつての日本人は、互いにお灸のしあいっこをしていた。経絡の発見に蚊が一役買っていたとしたら、お灸や按摩による手当ても、「神虫」の蚊から学んだものではないか、そう私は想像してしまう。

医の根源は手当て

もっとも、私は、自分自身の体の動きから、気の流れを実感したことがある。野口晴哉《はるちか》（一九一一―七六）のお弟子さんから整体術を学びつつあったころ、勝手に手が持ち上がり気の流れを体感したのだった。その流れが経絡図の教える流れと一致していた。だから、古人は、身近な生類と自らの体感とから、気血の流れを察知していたのだと思われる。ところで、野口は、無意識に手が行ってなされるものこそ「手当て」だと言い、寝相こそ根源的な「手当て」だと主張していた。思わず頭を掻いてしまう、くしゃみをする、あくびをする等々。まさにそうした無意識の「手当て」の延長が、「病気」なのではないか。風邪は歪んだ身体をリフレッシュするものだから、治してはいけない、「経過」させる。そうすることで、大病重病を防ぐ「手当て」になっている。そう主張したのが野口の名著『風邪の効用』（ちくま文庫）だった。

断食でなぜ若返るのか

ところで、「手当て」としての瀉血が、断食や節食と結びつくことを洞察し、食養生の基本を粗食・小食・咀嚼とし、マイナス栄養学を唱導した生物学者が千島喜久男（一八九九―一九七八）であった。千島の画期的な血液理論は、核のない赤血球が集合・融合・分化して核のある白血球となり、核のある細胞になる、と説く。今なお、体組織は細胞分裂によって増殖するという説が支配的であるが、ガン細胞や生殖細胞まで含めて一切の細胞や体組織は赤血球が分化したものとするところが革新的だった。その説からすると、栄養のよいときは赤血球が細胞に分化するが、「栄養のよくないとき、断食、瀉血などの後には、逆に組織や細胞が血球へ逆戻り（逆分化）」（千島喜久男選集、第一巻『生命の波動・螺旋性』地湧社）し、若返ることになる。私は二十五歳の時断食して十二指腸潰瘍と強度のノイローゼを癒したことがあるので、千島説に腹の底から納得する。潰瘍もアトピーもオデキも炎症であり、栄養が少なくなると若々しい赤血球に戻りうる。瀉血や断食は、弱った樹木を回復させるため、わざと枝を落としたり樹皮を剝いだり根に傷をつけたりする植木屋の知恵に通じ、大ケガをすると断食し冬眠さえする野生の熊の本能にも通じている。

食養生の陰陽思想

余命五年の難病だと宣告された森美智代さんは、迷いあがきながら断続的に断食や減食を続け、ついに一日青汁一杯だけの食（なんと五〇キロカロリー）となり、鍼灸師として元気に働いている（『食べること、やめました』マキノ出版）。現代栄養学では、成人女性の基礎代謝量は一日一二〇〇キロカロリーとされているのに、五〇キロカロリーとは何という低さか。これは、極端な例であるが、カロリーという概念の底の浅さを教えてくれる。先にヨモギは、月つまり陰と関係があると言ったが、陰陽に基づく食養生の思想は、カロリーの数値に惑わされることなく、ヨモギが成長の早い陰性の草であると見なし、土の中でじっくり成長する自然薯《じねんじょ》などを陽性と見なす。日本の神事に欠かせない酒は陰で「緩め、冷やす」のに対し、塩は陽で「締め、温める」。だから、酒の枡に塩ということになり、百薬の長である酒もお燗しなければ体に毒となる。断食は、陰をより強く生じさせ、「陰極まれば陽に転ず」という易経の思想では、陰徳の養生法なのである。今必要な医は、伝統的な知恵に学びつつ、身体の自然《じねん》に寄り添う創造的な「手当て」と「養生」なのではないか。

初出一覧

序　ヨモギ文化から近代を見直す――東西文化の古層に横たわる「ヨモギ」
『環』六一号、二〇一五年五月、藤原書店。原題「蓬文化と『苦海浄土』」に鈴木鈴美香が加筆修正

第Ⅰ部　ヨモギ文化をめぐる旅――『ハムレット』から『苦海浄土』へ

『國學院大學教育学研究室紀要』第五一号、二〇一七年。國學院大學講師退任の際の執筆

第Ⅱ部　石牟礼道子の世界

第1章　『苦海浄土』から『春の城』へ――「悶え神」と「蓬文化」
未発表原稿

第2章　『春の城』のコスモロジー
石牟礼道子『完本　春の城』解説、藤原書店、二〇一七年

〈コラム〉はにかみと悶えが、近代の闇を照らし出す
『環』五三号、二〇一三年四月、藤原書店

第3章　天地の神気に感応する石牟礼文学の根――『食べごしらえ　おままごと』に寄せて

『環』五八号、二〇一四年七月、藤原書店。『石牟礼道子全集 不知火 第一〇巻　食べごしらえ おままごと』の書評として掲載

第Ⅲ部　石牟礼道子との最晩年の対話──『苦海浄土』から『春の城』へ

未発表原稿

第Ⅳ部　シェイクスピアの世界

第1章　『ハムレット』とケルトの残影

『環』三一号、二〇〇七年十一月、藤原書店。原題「シェイクスピアの罠1　ハムレットとケルトの残影」に著者自身が加筆修正

第2章　蛆虫女神と宇宙のみごとな循環──戯曲『ハムレット』におけるケルト的なもの

未発表原稿

〈コラム〉断食で生まれ変わる

『環』三九号、特集・「医」とは何か、二〇〇九年十月、藤原書店

〈コラム〉医の源に手当てと食養生あり

『環』五六号、特集・医療大革命、二〇一四年一月、藤原書店

あとがき

とある春の日の昼下がり、散歩の道すがら根こそぎ採ってきたヨモギを片手に帰宅するなり、「図書館で知里真志保のすばらしい本に出会った」と興奮した面持ちで、夫が語っていたことがありました。その書とは、『知里真志保著作集 別巻Ⅰ 分類アイヌ語辞典 植物編・動物編』(平凡社)でした。それは掌に微かな凹凸を感じる現在では珍しい活版印刷で刷られた、ただならぬ雰囲気を湛えた書でした。

ヨモギは「アイヌの信仰上特別の意義を有し、アイヌはそれに特別の霊能(除魔力)を認めているので、それを食用にするのは、単に口腹の欲を満足させるだけのものではなく、それを体内に摂取することによって病魔を遠ざけ、身心を健康に幸福に保ち得るという信仰に基づく」(1)と語る知里氏の書は、長年のマルクス資本論研究に専心従事する傍らで、地下茎のように育まれてきたヨモギの存在に光を当てる頼もしいものであったにちがいありません。

近代文明の闇、「正義」にどこか居心地の悪さを覚えながらも、つかみどころのない「亡霊的他者」にどう対峙してゆけばよいか。その手掛かりをシェイクスピアの作品や、石牟礼文学の中に探ってゆく中で、知里氏の書に辿り着いたのでしょう。そこで、ヨモギと人間との間で共振しあう「ふつ」・「打つ」・「祓う」・「清める」といった働きが、生類としての人間にとって、かつては遍くいきわたっていたものであることを確信するに至ります。

シェイクスピアの代表作『ハムレット』のテーマの一つである、やられたらやり返す復讐劇の無限循環は、実際に上演された十六世紀イングランドにおけるカトリック対プロテスタントの宗教戦争はもとより、二十一世紀のロシア―ウクライナ戦争や北朝鮮をめぐる問題を普段より見聞きしている私たちとしては、馴染みのものでもあります。そのような近代システム社会の主旋律からもれ出てしまうものの象徴として、ヨモギは見出されました。そして、水俣事件においても、復讐を誓う「正義」に一応足並みを揃えながらも、権利闘争や患者認定をめぐる闘いに明け暮れることが果たして真の問題解決となるのか。つかみどころのない「責任の所在」、「亡霊的他者」の声を傍で耳にしつつ、どうにもならない「心の修羅」に悶える民草の姿に、『ハムレット』と同じテーマを認め、石牟礼文学を「蓬文化」から読み直すという独自の歩みを進めてゆきます。

「何の薬も利かん病ですが、蓬《ふつ》は気持ちにしっくりしますもんで」、と語る水俣病一号患者の娘を持つ溝口さんのことばは、夫の描こうとした「ヨモギ文化」論にとって、とても象徴的であるように思われます。溝口さんは、御詠歌の師匠・田中義光氏の「蓬《ふつ》じゃの艾《もぐさ》じゃの、何の効能のあるか。効能のあるなら、株主巡礼にも高野山にも、行かんでよかろうじゃろうが」ということばにもめげず、ヨモギを守り袋に入れて株主巡礼へと出立します。水俣事件という前代未聞の災禍に巻き込まれ、「解剖された娘も」、「ご亭主も自分も、身体だけでなく魂さえもママならない」中、悶えのきわみに達した彼女とご友人のトキノさんは、水俣病を語るさまざまの制度的な言説を超え、近代化によって圧殺されてしまった魂と信仰とを守り通した存在として、「ヨモギ文化をめぐる旅」の中で描かれています。

カワラヨモギ、オオヨモギ、ニガヨモギ、ヒメヨモギ等日本だけでも約三〇種、世界では四八一種ものバリエーションを持ち、洋の東西を問わずこの植物が様々に分類されているのは、人々にとってこの草が身近にあり、食用、薬用、神事等に重宝されてきた大事な聖草であった歴史を物語っています。一度、近代的な価値観によって聖草から雑草へと存在を格下げされてしまったヨモギですが、近年、先ほどの溝口さん・トキノさん婆様カップルの先見の明を辿るような驚くべき研究が次々と発表されています。

二〇一五年にノーベル医学・生理学賞に選出された中国の女性科学者トゥ・ヨウヨウ氏は、ヨモギの一種である薬草（クソニンジンArtemisia annua L.）から、マラリアに対し効果があり、副作用も少ない物質アルテミシニンを発見しました。[2] また、米ワシントン大学名誉教授のヘンリー・ライ博士らは、このアルテミシニンをがん治療にも応用し、その科学的証明を発表しています。コストも安く、副作用も少ないアルテミシニンの応用によるがん治療を目指されているとのことです。[3] ローマ的「普遍」によって失われてしまったヨモギ的「普遍」は、今ふたたびその水脈をよみがえらせつつあるのかもしれません。

全生涯をかけて勢力を注いだ近代文明の系譜を巡る旅は、マルクスを皮切りに、シェイクスピア、石牟礼道子、後藤新平そして江戸期の儒学者・熊沢蕃山へと連なり、いつしかその様相は「蓬文化を巡る旅」から、天の運行を受け、醸成される大地の営みに等しく調和した生類の生命活動の理である「天・地・人一貫の思想」へと色調を変化させてゆきます。しかし、本人がその先に思い描いていた壮大な思想展望とは裏腹に、鈴木一策という人物の思想の内実、さらには、その人となりを如実に表していたのは、「ヨモギ」であったように思われます。「蓬髪」ということばに見られるように、草刈りをする者からすると少々厄介で、とりとめのない様相を呈しながら旺盛な生命力を発揮するヨモギは、一方でその葉裏には繊細な白毛が入念にしきつめられ、季節ごとに葉形をしなやかに変化させながら、人に大地にやわらかな清浄さをもたらします。幼少期は常に正しさを求める優等生であったという夫は、やや鋭い語調で近代文明社会のひずみを指摘し、批判する文章を多く書き遺しましたが、それは、背後に控えるやわらかな「清浄さ」を求めてやまない想いから発せられていたように思います。

その営みは、殊に医療の場面において現代でも繰り返し刷新され、吹聴され続ける「終末論」に対しても向けられていました。ヒトの生命体としての営みをステージごとに分類し、患者を怯えと過剰な自己防衛がはびこる孤独な空間へと囲い込み、一括管理しようとする終末論。こだわりをもって日々行われた養生法は、それとは異なる世界観を模索する思想実践であると同時に、他の生命体とのつながりを愉しむ生き生きとした身体奪還のプロセスでもありました。苦しくも、晩年にガンを宣告され、訪問医との死闘を繰り広げた夫は、「崇高な亡霊的他者」の「不気味さ」を今際の際まで身につまされながらも、自身の姿勢を最後まで貫いて昇天してゆきました。元剣道部であったというその医師は、夫に出立のための袴をはかせて下さった上、「こんなに一徹に方針を変えない人にははじめて出会った、真の侍だ」と言って、涙ながらに夫の亡骸を前に手を合わされるのでした。

二〇一一年、東北大震災によりメルトダウンした福島原子力発電所より漏出する「見えない」

放射能物質が日本国民の生活をおびやかし、普段は聞き知れないシーベルトがたちまちにして身近な存在となって日々測定されていた際に、夫は庭土を除染せんがためにヨモギを大量に摘んできました。ヨモギとの出会いにより微生物の研究に着手し、乳酸菌の大量培養法によって土壌改良に挑む飯山一郎氏のことばに触発されてのことでした。氏によると「この植物は、根で増え、茎で増え、葉で増え、種子で増え」るため、「どんどん放射能を吸収しながら増えてゆき」、チェルノブイリでも「どんどん繁茂している」と言います。そして、群生したヨモギの傘の下には「リスやネズミやモグラなど小動物が」集い、増え始めることで「生態系が復活してい」(4)ると言います。もしかすると、新たな形での「ヨモギ文化」はこのような場所で花開いてゆくのかもしれません。

放射能によって穢れてしまったチェルノブイリの大地へと、その身を赴かせるヨモギに、ある種の自然意思のようなものがあるとすれば、そのすがすがしい薫りに心地良さを覚える私たちにもそれは自然と分け与えられているはずであり、ヨモギと共に「天地の神気」に感応し、「崇高な」制度や専門家といった亡霊的他者によるものではない、自身の眼でもってこの先の世を希望を失わずに見てゆくこともまた可能なのだと、そしてそれには何より、ヨモギを見遣るような道草が必要だと、夫の遺したヨモギ論は言っているように感じます。今、我が家の庭にはあの時に植えたヨモギが陽の光の下、秋の葉形へと姿を変えながら、ささやかな花を咲かせています。

最後に、いつも傍らでとりとめなく広がり行く夫の原稿を大らかに受け止めてくださり、この度うずもれていた「ヨモギ」論の遺稿を掬い上げ、本書誕生の機縁をご提案してくださった藤原良雄社長に茲に深く御礼申し上げます。

二〇二三年十月三日

鈴木鈴美香

（1）知里真志保『知里真志保著作集 別巻Ⅰ 分類アイヌ語辞典 植物編・動物編』平凡社、一九八一年、四頁

（2）「トゥ氏らは、古来より高熱の治療に使われていた漢方薬が、高熱の症状を伴うマラリアにも効くのではないかと考えて研究を進めました。その結果、ヨモギの一種である薬草から、マラリアに効果的で副作用も少ないアルテミシニンという物質を発見しました。この物質は、それ自身が持つ不安定な部分と、マラリア原虫が赤血球を壊して作られる鉄とが反応して活性酸素を生じ、赤血球に寄生している原虫を死滅させます。人間の体には赤血球以外の場所に鉄がほとんど無いため、余分な活性酸素が生じず副作用が少ないのが特徴です。薬草からのアルテミシニンの抽出はその不安定さゆえに大変な作業でしたが、不安定さこそが高い効果の鍵だったのです。今ではアルテミシニンを改良した様々な薬が実用化され、マラリアによる死者を世界中で大幅に減少させています。」京都大学理学部・理学研究科HP https://sci.kyoto-u.ac.jp/ja/academics/programs/scicom/2015/201510/04（参照 2023-10-04）

（3）“Chinese remedy may fight cancer”,BBCNews.2001-11-28, http://news.bbc.co.uk/2/hi/health/1678469.stm（参照 2023-10-04）

（4）飯山一郎『飯山一郎の世界の読み方、身の守り方』ナチュラルスピリット、二〇一六年、一四五頁

著者紹介

鈴木一策（すずき・いっさく）

1946年、宮城県仙台市に生まれる。一橋大学大学院社会学研究科博士課程修了。哲学、宗教思想専攻。國學院大學、神奈川大学、埼玉大学、中央大学等で非常勤講師を務める。2021年4月18日没。享年74。

著書に、『マルクスとハムレット——新しく『資本論』を読む』（2014年）『熊沢蕃山と後藤新平——二人をつなぐ思想』（2023年、以上藤原書店）。

編書に、後藤新平『国難来』（現代語訳・解説、2019年、藤原書店）。

訳書に、ピエール・マシュレ『ヘーゲルかスピノザか』（1986年、新評論）、スラヴォイ・ジジェク『為すところを知らざればなり』（1996年、みすず書房）など多数。

ヨモギ文化《ぶんか》をめぐる旅《たび》——シェイクスピアと石牟礼道子《いしむれみちこ》をつなぐ

2023年10月30日　初版第1刷発行©

著　者　鈴木一策
発行者　藤原良雄
発行所　株式会社　藤原書店

〒162-0041　東京都新宿区早稲田鶴巻町523
電　話　03（5272）0301
FAX　03（5272）0450
振　替　00160-4-17013
info@fujiwara-shoten.co.jp

印刷・製本　中央精版印刷

落丁本・乱丁本はお取替えいたします
定価はカバーに表示してあります
Printed in Japan
ISBN978-4-86578-403-9

「後藤新平の全仕事」を網羅！

『〈決定版〉正伝 後藤新平』別巻

後藤新平大全

御厨貴編

巻頭言 **鶴見俊輔**
序 **御厨貴**
1 後藤新平の全仕事（小史／全仕事）
2 後藤新平年譜 1850-2007
3 後藤新平の全著作・関連文献一覧
4 主要関連人物紹介
5 『正伝 後藤新平』全人名索引
6 地図
7 資料

A5上製 二八八頁 **四八〇〇円**
（二〇〇七年六月刊）
◇978-4-89434-575-1

今、なぜ後藤新平か？

時代の先覚者・後藤新平

〔1857-1929〕

御厨貴編

その業績と人脈の全体像を、四十人の気鋭の執筆者が解き明かす。

鶴見俊輔＋青山佾＋粕谷一希＋御厨貴／鶴見和子／苅部直／中見立夫／原田勝正／新村拓／笠原英彦／小林道彦／角本良平／佐藤卓己／鎌田慧／佐野眞一／川田稔／五百旗頭薫／中島純ほか

A5並製 三〇四頁 **三二〇〇円**
（二〇〇四年一〇月刊）
◇978-4-89434-407-5

後藤新平の"仕事"の全て

後藤新平の「仕事」

藤原書店編集部編

郵便ポストはなぜ赤い？ 新幹線の生みの親は誰？ 環七、環八の道路は誰が引いた？ 日本人女性の寿命を延ばしたのは誰？――公衆衛生、鉄道、郵便、放送、都市計画などの内政から、国境を越える発想に基づく外交政策まで「自治」と「公共」に裏付けられたその業績を明快に示す！

写真多数 ［附］小伝 後藤新平

A5並製 二〇八頁 **一八〇〇円**
（二〇〇七年五月刊）
◇978-4-89434-572-0

なぜ「平成の後藤新平」が求められているのか？

震災復興 後藤新平の120日

〔都市は市民がつくるもの〕

後藤新平研究会＝編著

大地震翌日、内務大臣を引き受けた後藤は、その二日後「帝都復興の議」を立案する。わずか一二〇日で、現在の首都・東京や横浜の原型をどうして作り上げることが出来たか？ 豊富な史料により「復興」への道筋を丹念に跡づけた決定版ドキュメント。

図版・資料多数収録

A5並製 二五六頁 **一九〇〇円**
（二〇一一年七月刊）
◇978-4-89434-811-0

二人の巨人をつなぐものは何か

往復書簡 後藤新平―徳富蘇峰 1895-1929

高野静子＝編著

幕末から昭和を生きた、稀代の政治家とジャーナリズムの巨頭との往復書簡全七一通を写真版で収録。時には相手を批判し、時には弱みを見せ合う二巨人の知られざる親交を初めて明かし、二人を廻る豊かな人脈と近代日本の新たな一面を照射する。

実物書簡写真収録

菊大上製　二一六頁　六〇〇〇円
（二〇〇五年一二月刊）
◇978-4-89434-488-4

シベリア出兵は後藤の失敗か？

後藤新平と日露関係史

（ロシア側新資料に基づく新見解）

V・モロジャコフ
木村汎訳

ロシアの俊英が、ロシア側の新資料を駆使して描く初の日露関係史。一貫してロシア／ソ連との関係を重視した後藤新平が日露関係に果たした役割を初めて明かす。

第21回「アジア・太平洋賞」大賞受賞

四六上製　二八八頁　三八〇〇円
（二〇〇九年五月刊）
◇978-4-89434-684-0

今、なぜ後藤新平か？

時代が求める後藤新平

（自治／公共／世界認識）

藤原書店編集部編

現代に生きるわれわれは、百年先を見通し、近代日本のあるべき道を指し示した後藤新平に何を思い、何を託すのか。一一五人の識者によって書かれた現代の後藤新平論の決定版。**赤坂憲雄／緒方貞子／粕谷一希／佐藤優／鈴木俊一／辻井喬／鶴見和子／鶴見俊輔／李登輝**ほか　［附］略年譜／人名索引

A5並製　四三二頁　三六〇〇円
（二〇一四年六月刊）
◇978-4-89434-977-3

後藤新平が遺した珠玉の名言

一に人 二に人 三に人

（近代日本と「後藤新平山脈」100人）

後藤新平研究会編

百年先を見通し近代日本のあるべき道を指し示した先覚者・後藤新平の卓越した仕事は、「人」に尽きると言っても過言ではない。優れた人物を生かすことに長け、次世代の活躍にも貢献した後藤の、経験に裏打ちされた名言と、関連人物一〇〇人（板垣退助／伊藤博文／大杉栄／渋沢栄一／スターリン／孫文／高野長英／徳富蘇峰／新渡戸稲造ほか）とのエピソード。

A5並製　二八八頁　二六〇〇円
（二〇一五年七月刊）
◇978-4-86578-036-9

ことばの奥深く潜む魂から“近代”を鋭く抉る、鎮魂の文学

石牟礼道子全集
不知火

(全17巻・別巻一)

Ａ５上製貼函入布クロス装　各巻口絵２頁

表紙デザイン・**志村ふくみ**　各巻に解説・月報を付す

〈推　薦〉**五木寛之／大岡信／河合隼雄／金石範／志村ふくみ／白川静／瀬戸内寂聴／多田富雄／筑紫哲也／鶴見和子**（五十音順・敬称略）

◎本全集の特徴

■『苦海浄土』を始めとする著者の全作品を年代順に収録。従来の単行本に、未収録の新聞・雑誌等に発表された小品・エッセイ・インタヴュー・対談まで、原則的に年代順に網羅。

■人間国宝の染織家・志村ふくみ氏の表紙デザインによる、美麗なる豪華愛蔵本。

■各巻の「解説」に、その巻にもっともふさわしい方による文章を掲載。

■各巻の月報に、その巻の収録作品執筆時期の著者をよく知るゆかりの人々の追想ないしは著者の人柄をよく知る方々のエッセイを掲載。

■別巻に、詳伝年譜、年譜を付す。

(1927–2018)

本全集を読んで下さる方々に　　石牟礼道子

わたしの親の出てきた里は、昔、流人の島でした。

生きてふたたび故郷へ帰れなかった罪人たちや、行きだおれの人たちを、この島の人たちは大切にしていた形跡があります。名前を名のるのもはばかって生を終えたのでしょうか、墓は塚の形のままで草にうずもれ、墓碑銘はありません。

こういう無縁塚のことを、村の人もわたしの父母も、ひどくつつしむ様子をして、『人さまの墓』と呼んでおりました。

「人さま」とは思いのこもった言い方だと思います。

「どこから来られ申さいたかわからん、人さまの墓じゃけん、心をいれて拝み申せ」とふた親は言っていました。そう言われると子ども心に、蓬の花のしずもる坂のあたりがおごそかでもあり、悲しみが漂っているようでもあり、ひょっとして自分は、「人さま」の血すじではないかと思ったりしたものです。

いくつもの顔が思い浮かぶ無縁墓を拝んでいると、そう遠くない渚から、まるで永遠のように、静かな波の音が聞こえるのでした。かの波の音のような文章が書ければと願っています。

---

❶ **初期作品集**　　解説・金時鐘

664頁　**6500円**　◇978-4-89434-394-8（2004年7月刊）

❷ **苦海浄土**　第１部 苦海浄土　第２部 神々の村　　解説・池澤夏樹

624頁　**6500円**　**品切**◇978-4-89434-383-2（2004年4月刊）

未発表処女作を含む初期作品集！

不知火おとめ

〈若き日の作品集1945–1947〉

石牟礼道子

戦中戦後の時代に翻弄された石牟礼道子の青春。その若き日の未発表の作品がここに初めて公開される。十六歳から二十歳の期間に書かれた未完歌集『虹のくに』、代用教員だった敗戦前後の日々を綴る「錬成所日記」、尊敬する師宛ての手紙、短篇小説・エッセイほかを収録。

A5上製　二一六頁　**口絵四頁**　**二四〇〇円**
（二〇一四年一一月刊）
◇978-4-89434-996-4

高群逸枝と石牟礼道子をつなぐもの

最後の人　詩人 高群逸枝

石牟礼道子

世界に先駆け「女性史」の金字塔を打ち立てた高群逸枝と、人類の到達した近代に警鐘を鳴らした世界文学（『苦海浄土』）を作った石牟礼道子をつなぐものとは。『高群逸枝雑誌』連載の表題作と未発表の「森の家日記」、最新インタビュー、関連年譜を収録！

四六上製　四八〇頁　**口絵八頁**　**三六〇〇円**
（二〇一二年一〇月刊）
◇978-4-89434-877-6

生前交流のあった方々の御霊に捧げる悼詞

無常の使い

石牟礼道子

荒畑寒村、細川一、仲宗根政善、白川静、鶴見和子、橋川文三、上野英信、谷川雁、本田啓吉、井上光晴、砂田明、土本典昭、石田晃三、田上義春、川本輝夫、宇井純、多田富雄、八田昭男、原田正純、木村栄文、野呂邦暢、杉本栄子、久本三多ら、生前交流のあった二三人の御霊に捧げる珠玉の言霊。

B6変上製　二五六頁　**一八〇〇円**
（二〇一七年二月刊）
◇978-4-86578-115-1

絶望の先の〝希望〟

花の億土へ

石牟礼道子

「闇の中に草の小径が見える。その小径の向こうのほうに花が一輪見えている」——東日本大震災を挟む足かけ二年にわたり、石牟礼道子が語り下ろした、解体と創成の時代への渾身のメッセージ。映画『花の億土へ』収録時の全テキストを再構成・編集した決定版。

＊映像作品（DVD）につきましては、三二〇頁をご覧ください。

B6変上製　二四〇頁　**一六〇〇円**
（二〇一四年三月刊）
◇978-4-89434-960-5

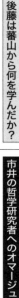

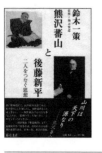

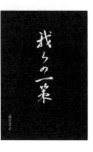

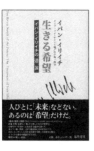